陕西省
优秀科普作品集

李豫琦　李肇娥　主编

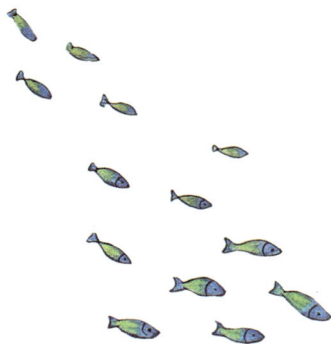

西安电子科技大学出版社

图书在版编目（CIP）数据

陕西省优秀科普作品集 / 李豫琦 , 李肇娥主编 .
西安 : 西安电子科技大学出版社 , 2024. 11. -- ISBN
978-7-5606-7505-3

Ⅰ . N4
中国国家版本馆 CIP 数据核字第 20248751AE 号

陕西省优秀科普作品集

SHAN XI SHENG YOU XIU KE PU ZUO PIN JI

策　　划　刘芳芳

责任编辑　刘芳芳　陈　婷

排版设计　马万霞　焦转丽

封面设计　Amber Design （琥珀视觉）

出版发行　西安电子科技大学出版社（西安市太白南路 2 号）

电　　话　（029）88202421 88201467　邮　编　710071

网　　址：www.xduph.com　　　电子邮箱：xdupfxb001@163.com

经　　销　新华书店

印刷单位　陕西金和印务有限公司

版　　次　2024 年 11 月第 1 版　2024 年 11 月第 1 次印刷

开　　本　787 毫米 ×1092 毫米　1/ 16　印　张　15.5

字　　数　195 千字

定　　价　65.00 元

ISBN　　978-7-5606-7505-3

XDUP　　7806001-1

***** 如有印装问题可调换 *****

序　言

陕西，是中华文明的重要发祥地之一。厚重的秦砖汉瓦、雅致的唐风宋韵，无不诉说着陕西作为中华文明重要发祥地的辉煌历史。在这片文化底蕴深厚的土壤上，科技的火花同样熠熠生辉，从古代造纸术的光芒绽放，到现代航天科技的九天翱翔，陕西始终站在科技创新的前沿，书写着科技发展的新篇章。

科普，作为连接科技与大众的桥梁，是提升全民科学素质、激发社会创新活力的重要途径。在三秦大地，科普事业如同春风化雨，润物无声地滋养着每一寸土地，科学的种子不断在民众心中生根发芽。陕西的科技工作者、科普工作者，尤其是那些才华横溢的科普创作者，他们以独特的视角、生动的笔触和严谨的态度，将专业的硬核知识变得有趣、通俗易懂，亦将陕西的特色科技产业、科技成果进行了趣味解读，以喜闻乐见的形式让民众感受科学魅力，进而关注陕西科技前沿动态，并为科技创新发展助力，服务陕西高质量发展。

近年来，陕西在科普方面取得了令人瞩目的成绩。最新统计结果显示，2023 年陕西省公民具备科学素质的比例达到 13.33%，较上年度提升了 1.25%；全省已建成对外开放实体科技馆 20 家，拥有中国流动科技馆 21 套，农村中学科技馆 48 所，认定全国科普教育基地 42 个、省级科普教育基地 110 个；2023 年全省各型科普大篷车开展活动 1824 场，运行里程 14 万余公里，服务公众 155 万余人次；组织"科技之春"宣传月活动 1700 余项、全国科普日系列活动 3300 项。从科普场馆的遍地开花，到科普活动的丰富多彩；从科普教育的深入实施，到科普资源的广泛共享，陕西的科普工作正以前所未有的力度和广度，推动着全民科学素质的不断提升。

为加快推进《陕西省贯彻〈全民科学素质行动规划纲要（2021—2035年）〉实施方案》的落地实施，努力构建高质量的科普服务体系，2022 年起，陕西省科学技术协会、陕西省教育厅、陕西省科学技术厅联合发起了陕西省优秀科普作品征集活动，活动参与人数众多，不少优秀科普作品脱颖而出。这些不同类型的优秀科普作品在弘扬科学精神、普及科学知识、传播科学思想、倡导科学方法以及提升全社会科学文化素养方面起到了重要的作用。《陕西省优秀科普作品集》正是这些作品的具体呈现。书中精心收录了历届征集活动中的优秀获奖作品，分为科普文学作品、科普设计作品、科幻作品以及优秀科普科幻图书推介四个部分。这些优秀的科普作品中，既有深入浅出的科学解析，也有引人入胜的科普故事；既有对古代科技智慧的深入挖掘，也有对现代科技前沿的敏锐洞察。

在此，我们衷心希望该作品集的出版，能够进一步激发社会各界对科普事业的关注与热情，推动陕西乃至全国的科普工作再上新台阶，共创科普事业的美好未来。

陕西省科学技术协会

2024 年 9 月

CONTENTS 目录

科普·文学作品

科普·设计作品

◎ 科普·设计作品 / 成年组

◎ 科普·设计作品 / 青少年组

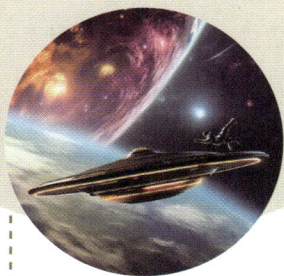

科幻作品

◎ **科幻作品 / 成年组**

优秀科普科幻图书推介

科普·文学作品

◇ 成年组 ◇

植物的武功妙招

文／祁云枝（陕西省植物研究所）

美　人　计

　　绿油油的枝叶间，落着两只大个儿苍蝇，像温婉曲调里嘎吱出来的几声噪音，突兀，别扭。伸手一挥，苍蝇置若罔闻，没有理我。忍不住再伸手，第二次挥赶，两厮照旧四平八稳，气定神闲地无视了我。

　　低头细看，不禁乐了。哪里是苍蝇，分明是长成苍蝇的花朵。

　　这是 2016 年春天的一幕。我和国内植物园的几位同仁，沿美国东海岸植物园树木园调研植物，在芝加哥植物园的玻璃温室里，我第一次遇见了花朵拟态大师。

　　给我们讲解的美国人约翰见我两眼放光，走过来端起盆花，说它有个恰当的名字，叫角蜂眉兰——顾名思义，是一种兰花，拥有角蜂的相貌。

　　我还是有些懵，对约翰说，很遗憾我没有见过角蜂，我倒是觉得它远看像苍蝇，像那种大个儿的绿头苍蝇，无论体态还是大小，都像。约翰笑了一下露出一排洁白的牙齿，他让我看放在一旁的角蜂照片。只一眼，我便石立，继而惊呼，天呐，太像了。

　　细看花朵，可不就是图片里的角蜂。对照着看，我根本分不清哪个是花，哪个是虫。花朵中最大的那一枚花瓣，是角蜂的下半个身子，圆滚滚、毛茸茸。浑圆的肚子，滑溜溜的后背，肚子边缘生长着一圈褐色短毛，密集、厚实，有着毛发的质感。

两对唇瓣对称地从腰部伸出，颜色和外形对应着角蜂、胡蜂或是苍蝇的两对翅膀。头部的设计看来是重点，也是眉兰花心思最多的地方。它让花柱和雄蕊结合长成合蕊柱，模样从外形上看，是角蜂的头部，有鼻子有眼。

单看外形，已让我叹喟。接下来，约翰的一番叙述，给长成角蜂模样的兰花，镶上了一圈神谕般的光芒，似乎身上的每个细胞，都被它照亮。听罢，我先是愣怔，继而摇头，真有这么神奇？太难以置信了。

这种兰花，会对雄性角蜂施展美人计！

角蜂眉兰会因生长地的不同，在植物版角蜂的后背上，涂抹上醒目的蓝

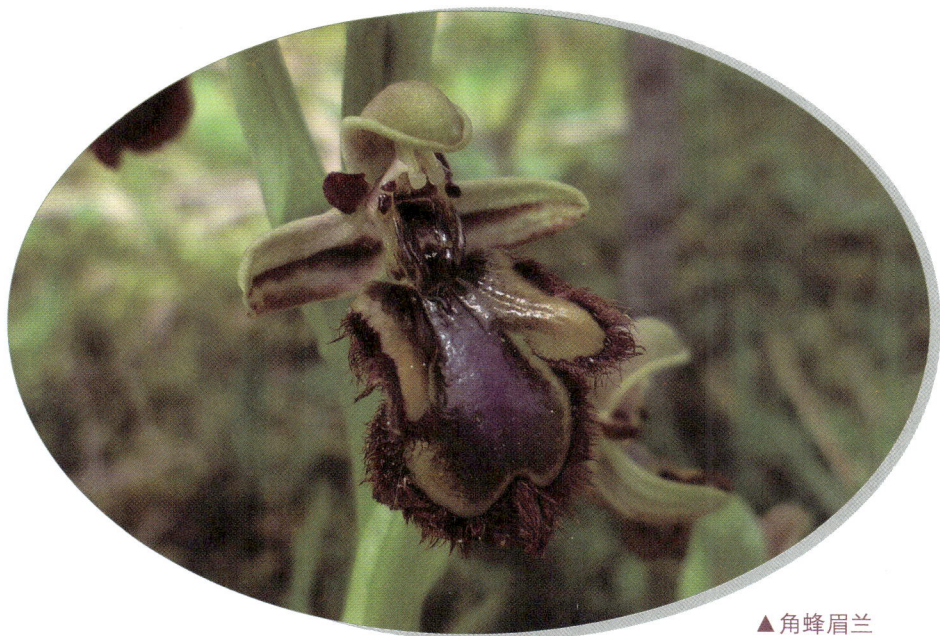

▲角蜂眉兰

紫或棕黄相间的斑纹，好让花朵更接近当地雄性角蜂眼里的大美人形象。

眉兰似乎觉得仅做到形似还不够，于是，又分泌出类似于雌性角蜂荷尔蒙的物质。这模拟的性信息素，让雄性角蜂毫无抵抗力。角蜂眉兰设计的花期也恰到好处。当眉兰梳妆完毕，恰逢角蜂的羽化期，一些先于雌性个体来到世间的雄性角蜂正急于寻找配偶，在眉兰散发的雌性荷尔蒙的引诱下，急匆匆赶来赴约。

看来，在"食与色"的终极目标上，动物们几乎没有分别，一辈子不外乎完成两件大事，食，保存自我；色，延续后代。雄性角蜂心里眼里燃烧的"色"，其实也验证了《孟子》的观点："食色，性也。"

恋爱中的雄性角蜂，看见草丛中摇曳的角蜂眉兰花朵时，很庆幸自己这么快就交上了桃花运，迫不及待地凑上前去。拥抱亲吻间，它的头部正好碰触到角蜂眉兰伸出的合蕊柱，雄蕊上带有的黏性花粉块，便准确地粘在雄蜂多毛的头上，完成了生物学上的"拟交配"。

嗯？这怀中之物，何以冷冰冰不予回应？定睛细瞧，雄蜂幡然醒悟，大呼上当。无奈，只好悻悻飞走。然而此时，背负花粉块的雄蜂，已经被爱情冲昏了脑袋，求偶心切的它，再次闻香识"女人"，被雌性荷尔蒙完全吸引，就像受酒香勾引的醉汉，毫不迟疑地再次冲向酒杯——另一朵眉兰，又殷勤献媚。角蜂头上粘着的花粉块，便准确无误地传递到这朵眉兰的柱头穴中……可怜无数痴情的雄性角蜂，为了一只只酷似爱侣的花朵，神魂颠倒、前赴后继。

在雄性角蜂集体的不淡定中，眉兰们眉开眼笑，它们不用付一分钱的工资，就彻底搞定了异花授粉。

人类的三十六计里，美人计派上用场的时候，应该是最多的。王朝的兴衰，总也离不开美人这个筹码。西施助越灭吴，貂蝉引董卓吕布父子反目，夏亡以妹喜，殷亡以妲己，周亡以褒姒……只是，在我眼里，人类的美人计，和角蜂眉兰的套路相比，还要逊色一些。

　　角蜂眉兰诱骗雄性角蜂传粉，俨然一出精心策划的戏剧，眉兰自导自演，有造型、有特效，剧情一波未平、一波又起，结尾还有脑洞大开的高潮——成功授粉的角蜂眉兰，立马释放出一种让雄性角蜂作呕的气味。这气味在雄性角蜂闻来，犹如花季少女的体香一下子变成了老奶奶的汗臭，避之唯恐不及——好一个纯粹的精致的利己主义者，目标明确，手段犀利。

　　没有腿脚，无法移动的植物，用计谋向能飞会动的昆虫宣战，它，居然成功了。

　　回国后，当我铺开画纸，对着照片，仔细临摹一只雌性角蜂时，它那复杂的头部构件，鳞片细碎的腰身以及状如艺术品的双翅，常常让我陷入画功欠佳的沮丧里。想要把它画好，真的很难。我纳闷，角蜂眉兰没有眼睛，没有手脚，却能够从颜色到形态，从神情到气味，全方位、多角度把自己的花朵长成一只只活灵活现的雌性角蜂的模样，它究竟是怎么做到的？它都经历了些什么？它和角蜂之间到底发生过什么故事？

　　角蜂眉兰为什么不遵守自然界物种间早已达成共识的互惠法则，而要鼓捣出比生产花蜜和花粉更消耗能量的生物拟态和性谎言？

　　站在受害者一方，被骗的雄性角蜂为什么不长记性？一而再、再而三地甘于被骗。雄性角蜂之间，难道不就此事进行交流或采取对策吗？这种在人类眼里明显的欺骗关系能够延续，一定有它存在的理由，这理由，又是什么？

　　面对我一连串的疑问，约翰耸耸肩，摊开双手，表情是夸张得不明所以。

　　"别说我说谎，人生已经如此的艰难，有些事情就不要拆穿……"

　　莫非，雄性角蜂也懂得花艰不拆的道理，从而怜香惜玉、甘愿被骗？

鸿 门 宴

那次美国东海岸之旅，我还见识了另一种善于耍花招的兰花——水桶兰。

对照着植物看，这花名亦取自外形。深黄色的花朵唇瓣，异化成一只圆溜溜的水桶形状，也好似一挂婴儿摇床，看上去不像是花朵部件，倒像是过日子的家具。金黄色的花瓣还算醒目，像一展明艳的旗帜，在风中飘摇。

水桶兰的狡黠，是从花瓣打开的那一瞬开始显现的。

伴随花瓣舒展，从花中心腺体的位置，会溢出一滴滴透明的蜜汁，竖直落进水桶状的唇瓣里。蜜汁掉落的刹那，有无叮咚弦乐我无缘听到，但这蜜汁的气息我凑近闻过，不似蜂蜜那样的甜香，有一股食用香油的味道。

蜜汁的气味，随着花瓣的张开，逐渐氤氲在水桶兰周围的空气里，让四周的植物邻居、小昆虫和水域，全都笼罩在这奇怪的味道里，很是霸道。甚至，连八公里之外的雄性尤格森蜜蜂，也被吸引了过来。

在气味路标的指引下，雄性尤格森蜜蜂急匆匆地从四面八方赶来。

说来非常有趣，这帮小家伙来到这里，并不是为了满足口腹之欲，而是怀了找到另一半的心思。它们，竟然懂得借助于植物性激素，来赢得雌性尤格森蜜蜂的芳心，这真让我大跌眼镜。

这植物性激素，就是水桶兰花朵分泌出来的蜜汁。

约会前，雄性尤格森蜜蜂先要飞到水桶兰的花朵里，先后两次给全身上下涂抹上蜜汁"香水"来装扮自己，这步骤不可或缺。只是，这蜜汁性激素获取不易，雄性尤格森蜜蜂每每为了乔装打扮，差点都丢了性命。

飞奔而来的尤格森蜜蜂，绅士般要为自己做一个全身蜜汁SPA。它栖落在水桶兰花桶的边缘，先扇动翅膀休息片刻，待它喘匀了气，便开始用后爪紧紧地抓住桶沿，慢慢地倾斜身子，朝花桶里伸出前爪，蘸上蜜汁后，站直身体，像我们涂抹护肤品那样，仔仔细细地把蜜汁涂抹到头、颈、肩、背和胳膊等处，一下又一下，耐心而又仔细。然而，大多数时候，它的半个身子还没有涂完，顺胳膊腿滑落的蜜汁，就使得花桶的边缘滑溜起来，涂抹在上半身的蜜汁，似乎也让它头重脚轻。此时，站稳脚跟对它来说已经变得很是艰难。一不小心，尤格森蜜蜂便失足滑入水桶兰的蜜汁里。

蜜蜂终于上钩啦，水桶兰高兴得几乎要叫出声来。请君入"桶"，才是水桶兰不吝鼓捣出如此浓郁液体的真正意图。

身陷蜜池的蜜蜂，在花桶里拼命挣扎。花桶的倾斜度和黏滑的桶壁，都令蜜蜂的绝望一点点加剧。这种茫然而绝望的舞蹈，眼看着就要以蜜蜂的精疲力竭而画上句号。

▲水桶兰

到这个时候，水桶兰觉得时机已经成熟，方才大度地协助蜜蜂踏上逃亡之旅——给它展示唯一的一条活路。水桶的一侧，有一个通向花粉管的喷嘴状开口，当然，这开口也是为尤格森蜜蜂量身定做的。

慌不择路的蜜蜂，一旦进入这个花粉管，便会真真切切地体会到什么是身不由己。水桶兰的花粉管开始像弹簧那样不断紧缩，以阻止蜜蜂的快速逃离。花粉管的终端，是水桶兰的花粉囊，雄蕊就藏在里面。在蜜蜂被困在花粉管内挣扎的大约十分钟的时间里，水桶兰从容地分泌出了

一种胶水，把雄蕊上的花粉，牢牢地粘在了蜜蜂的背上。

十分钟后，背着花粉的蜜蜂终于爬了出来。待晾干翅膀，又可以重新飞翔时，尤格森蜜蜂似乎已经忘记了自己刚刚经历过的垂死挣扎。它还有重要的事情亟待完成，它必须再涂抹一次性激素，才有资格去约会。于是，它伸展双翅，在空中开始遛弯搜寻。

不久，它又闻到了水桶兰蜜汁散发出的独特气味，这气味像灯塔一样，把它领到一朵正在绽放的水桶兰花朵前。它又一次非常投入地开始了全身的蜜汁SPA。和第一次一样，最后也跌落进这"桶"蜜汁里。于是，重复上演滑入、挣扎、小孔逃生等一系列由水桶兰设计的动作剧。

不同的是，这朵水桶兰花会用花粉管顶端的一种特殊设备，来获取蜜蜂背上携带的花粉，并将它完整地搬运到雌蕊柱头上。至此，水桶兰圆满完成了异花授粉。

待传粉大业完成后，水桶兰即刻把曾经亮丽的花瓣一点点收紧，最终，花瓣变成了一块类似于抹布一样的暗黄色组织。之后，关门谢客。

雄性尤格森蜜蜂似乎也很开心，它在前后两次经历了全身心的激素SPA后，欢喜地去约会另一半了。

过程虽有曲折，结局还算美好。

我相信，这场花朵里的较量，一定还有许多不为人知的心理角力，可惜我的认知粗浅，无法准确去解读。它让我想起了楚汉之争的鸿门宴，项庄舞剑，意在沛公。水桶兰发出邀请函，捧出蜜汁，收缩花粉管，分泌胶水，获取花粉等一系列计谋与手段，可谓环环相扣，步步紧逼，俨然运筹帷幄的刘邦。尤格森蜜蜂被欲望冲昏了头脑，多像当年被颂歌和崇拜蔽塞了聪慧，飘飘然的项羽。植物与人，在某些方面，竟然如此神奇地一致。

年复一年，水桶兰在自家花心里开设鸿门宴，是看家本领，也像是一本醒世箴言。蜜汁滴落间，芳香弥散时，相对弱小的植物，不仅仅是植物，也可以是掌控动物于手掌心的强者。

出 其 不 意

在深圳仙湖植物园里，我见到了外表柔弱而内心强悍的花柱草。小小的身躯，能够忽然间发力，甩昆虫一个嘴巴子。

在溪边的岩生植物区，几株灰绿色的小草支棱着细瘦的身子，在和煦的春光里摇头晃脑。十厘米高的花茎上，顶着米粒大小的花朵。如果不是植物园的同行指认给我，我是绝对不会发现它们的。

春天，处处荡漾着植物的欢歌笑语。在花儿美妙的歌声里，蜜蜂、蝴蝶、苍蝇、甲虫等摩拳擦掌，它们，要进入这一季与花儿美妙的合欢了。哪里有花朵，哪里就有昆虫们兴奋忙碌的身影。植物争相用艳丽的花朵引诱媒婆，用香甜的花蜜招待媒婆。作为回报，蜜蜂、蝴蝶、甲虫们一路小跑帮助植物传授花粉，促使雌雄花朵完婚。

在成千上万场看似喜气洋洋的嫁娶中，没有谁在意少数媒婆的郁郁寡欢——前后被两朵花打了两巴掌，却始终不明所以。

暴打昆虫的细小植物，名叫花柱草。

单看花柱草的外形，你怎么也不会把它和强势这个词关联起来。茎秆和花朵都很纤细，花朵甚至显出柔弱无依的样子。

可就是这林黛玉似的花儿，却有着令人惊讶的暴脾气。一旦她感觉到昆虫落在自己的花瓣上，会以迅雷不及掩耳之势，抡圆了胳膊，给昆虫一巴掌。

弱小植物向动物挥动巴掌这一幕，在春风里稍纵即逝，却让另一个物种的我看得惊心动魄。我无法在宽泛的适者生存中获取答案，只能对不走寻常路的花柱草报以久久的注目。

花柱草是精明且有远见的。如果它像其他花儿那样制造出香味和花蜜，用食品来换取传播的话，无疑需要耗费体力和精力。聪明的花柱草，让自己的两枚雄蕊和花柱长在一起（合蕊柱），从花中心伸出来，又向下弯曲成一个 U 形的长手臂，手掌上粘满了花粉。这个装备的神奇之处在于，它的手臂能够像扳机那样快速出击，出击的速度可以达到 0.015 秒。前来觅食的昆虫，被花柱草巧妙设计为扳机的触动者。所以花柱草被称为扳机植物。

一只小昆虫刚一落脚花瓣，花柱草即一巴掌抡过去，快速准确地将自己的花粉，拍洒在昆虫的背上。被这一巴掌打懵了的昆虫，受惊吓后会立即起飞，乖乖地带着花粉，飞向另一朵花柱草。在这只倒霉的昆虫又挨了另一巴掌后，花柱草完成了异花授粉。

可怜昆虫，给花柱草做媒时，似乎只有挨打的份。

植物无法走动，在香火传递大业上，唯仰仗于与动物合作。

大多数植物清楚，有付出才有回报。植物分泌花蜜、生产花粉，给昆虫提供信息素、提供营巢的树脂材料等行为方式，对于植物本身并无多大用处，这些都是交给传粉动物的酬金。你为我干活，我给你付工资。花粉和花蜜，在蝴蝶的翅膀上，在蜜蜂的嘴巴里，显示了植物的诚意，也完成了植物的心愿：让

▲花柱草

中意的媒人，心满意足地为自己传花授粉，传宗接代。

花柱草，显然是植物里的另类，是铁公鸡。它只愿意享受昆虫的传粉服务，却不愿给传粉者任何报酬，不仅不给报酬，还要出其不意地打它一巴掌，真的很颠覆我的认知。

"狡诈"一词，是我在小学语文课堂上学到的词语。由于这个形容词总是和刁钻、奸邪、诡诈、自私自利、阳奉阴违等贬义词相伴，所以，从认识它的那一天开始，我就对它又憎恨又鄙夷。"庆父不死，鲁难未已"的庆父，挟天子以令诸侯的董卓，请君入瓮的来俊臣，口蜜腹剑的李林甫，以"莫须有"罪名杀害岳飞的秦桧，宦官魏忠贤等，历史上这一张张面孔，都让这个形容词的面目更加狰狞。

然而，面对狡诈的花柱草，我却恨不起来，我情愿用"出其不意"来总结花柱草对待飞虫的欺诈行为。

不仅不鄙夷憎恨，当我看到花柱草神奇地向昆虫抢巴掌时，心里禁不住为它喝彩。不会移动的弱小植物，原来也可以这样居高临下，让能跑会飞的动物，免费为自己效力。

喝彩之后，心里还是稍稍替莫名挨打的小飞虫鸣不平。我很希望听见花柱草摇晃着柔弱的身躯，对昆虫说句抱歉：对不起，我没有力量制造花蜜和花粉，只有靠这种不怎么厚道的方式来传宗接代。

或许，我还可以这样为它开脱，花柱草不强大，也不鲜艳，更不芬芳，想要在贫瘠的环境里生存和繁殖，它就必须使出奇招，以奇制胜。所以，聪慧的它学会了奇袭虫媒，还学会了用花茎和花萼上的腺毛黏液驱赶吓唬其他小昆虫，以确保拥有扳机功能的花朵正常地发挥效用。

若站在昆虫的立场上，那些被动挨打的小昆虫到底输在了哪里？在这场昆虫与植物的博弈中，处于相对劣势的昆虫似乎一直没有好好总结过，我来试着替它们总结一下吧——请不要以貌取"人"，不可以轻视向来柔弱娇媚的花朵，它们的花蕊威力堪比枪炮，不仅可以攻城略地，还能够打击你们的盲目自大。

纤细弱小的生命，关键时刻，也会扣动扳机。

"啪——"花柱草又甩出去一个巴掌，姿态如此潇洒。

挂羊头卖狗肉

世间，做母亲的心思大约是相通的，都希望自己的下一代，一出生就能过上丰衣足食的生活。黑带食蚜蝇妈妈在产卵前，会精心挑选一处蚜虫的聚集地，作为坐月子的产房，它当然希望自己的小宝贝打出生之日起，就衣食无忧。

从名字上看，食蚜蝇，便是吃蚜虫的苍蝇。但是，据我后来的了解，长相像蜜蜂的食蚜蝇，成虫和蜜蜂一样，是以花蜜、花粉、树汁为食的，只有部分种类食蚜蝇的幼虫，譬如黑带食蚜蝇，才以蚜虫为食。

长瓣兜兰不知道从哪里获悉了黑带食蚜蝇准妈妈会寻找蚜虫产房的软肋，于是，多个月高风黑的夜晚过后，它酝酿出一个上不了台面的诡计——挂羊头卖狗肉，把自己身体的一部分乔装打扮成食蚜蝇准妈妈中意的产房。

花开后，长瓣兜兰开始着手在自己的花瓣和唇瓣的基部，描摹出一粒粒黑栗色的突起物。它不是画家，却胜过画家，它描摹蚜虫的手法老道而娴熟，打眼一看，那一粒粒突起物，可不就是星星点点的蚜虫群？活灵活现，足可以假乱真。

在黑带食蚜蝇准妈妈看来，这处产房非常合她的心意。这里集中了一群胖乎乎的蚜虫，非常难得。过不了多久，这个产房就会变成小宝贝撒着欢吃蚜虫的餐厅呢。食蚜蝇的孩子们刚出生时还不具备远距离移动的能力，准妈妈只能选择在蚜虫聚集区产卵。

▲长瓣兜兰

一位准妈妈欢天喜地飞来，想要落脚"蚜虫"区，长瓣兜兰早已料到准妈妈的这步棋，蓄意让这里的花瓣变得光滑且扭曲。这位准妈妈在尝试了几次无法降落后，突然发现不远处还有个平整的"停机坪"，它兴冲冲刚一落脚，不承想，"哧溜"一声，就掉进了兜兰唇瓣特化的兜兜里。

失足滑落的食蚜蝇自然不清楚，这"停机坪"是长瓣兜兰用退化的雄蕊，为准妈妈专门设置的第二重机关。

食蚜蝇开始自救。兜壁内除合蕊柱所在的内通道外，全部光滑无比，想突围出去比登天还难。这期间，它也尝试过其他的自救方法，譬如往外蹦跳，无功而返后，只好乖乖沿着由唇瓣和合蕊柱构成的传粉通道往外爬，别无选择嘛。

食蚜蝇沿这条通道爬行，正合长瓣兜兰的心意，存放在通道口的花粉块，已等候多时了。可想而知，成功逃脱的食蚜蝇，在爬出通道的那一刻，背上一定被长瓣兜兰粘上了花粉。而当食蚜蝇在下一朵花上重复受骗时，便正式晋升为长瓣兜兰的红娘。

再来关注一下那些在"蚜虫"堆里产下的食蚜蝇后代。当这些小宝贝从卵壳里伸出小脑袋后，即刻发现母亲为自己准备的食物，只是一堆形似蚜虫的植物附属品，完全不能食用。而此刻，它们的妈妈早已不知去向，可怜刚刚来到这个世界的食蚜蝇幼虫，只能活活饿死。

　　至此，不得不说长瓣兜兰的做法太过冷血，它的手段真实演绎了萨特在《存在与虚无》中提出的观点：他人即地狱。

　　按说，长瓣兜兰传宗接代的军功章里，有一半的功劳，属于黑带食蚜蝇，可食蚜蝇在长瓣兜兰这里获得的待遇，却是令人绝望的断子绝孙。

　　自然，黑带食蚜蝇妈妈也好不到哪里去，它不仅粗心大意，而且是个虎头蛇尾的家伙。准妈妈生下孩子，孩子出生后住地怎样，有没有吃食？这位妈妈全然抛在脑后，不闻不问，它早已忘记了之前寻找产房时的初衷。这位妈妈的做派，也应了人类的那句老话，"可怜之人必有可恨之处"，难怪它总被长瓣兜兰利用。

　　在美国一家树木园里，我还见过另一种长瓣兜兰，其扭曲的花瓣足有两米长，就像少女头上梳就的两根长辫子，姑且叫它超长瓣兜兰吧。

　　超长瓣兜兰直接拖到地面上的让人惊讶的长花瓣，是它专门为一些不会飞的小昆虫搭建的天梯。小昆虫循着兜兰发出的气味，踏香而行，沿着并不十分光滑的天梯往上爬，末了，也会落入超长瓣兜兰设置的机关里，重复起黑带食蚜蝇准妈妈背花粉的经历，演绎着一幕幕天梯红娘的悲剧。

　　长瓣兜兰鼓捣出的这套复杂的传粉系统看似高明，却聪明反被聪明误，让自己陷入了脆弱的境地，因为并非所有种类的食蚜蝇的幼虫都以蚜虫为食。可叹的现实是，黑带食蚜蝇的群体正在逐步萎缩，除过环境因素，长瓣兜兰"釜底抽薪"式的花拳绣腿，断送了无数媒婆接班人的小命，这无疑加快了黑带食蚜蝇群体缩小的趋势，结果只会进入一个恶性循环：黑带食蚜蝇的后代越来越少，长瓣兜兰行骗成功的概率变小，传宗接代的能力下降……

　　世事无常，花事亦无常。受骗群体数量的萎缩，加之近年来人类对长瓣兜兰掠夺式的采挖，长瓣兜兰目前已经处于濒危状态。时光荏苒，兴尽悲来。许多事情，冥冥中似乎自有轮回，长瓣兜兰设计的花招，也让自己落入了"四面楚歌"的境地，这有点像我们小时候学过的另一个成语：请君入瓮。

长瓣兜兰的花招，实在让人无法原谅它和高看它。

画 地 为 牢

有一阵子，我常去我居住园子的东南角那堵花墙前转悠，那里生长着几株藤蔓植物马兜铃。心形的叶子间，慢慢地会长出烟斗状的小花；花后，悬挂出拳头大小的果实；果实成熟后开裂，裂瓣牵挂的细丝，在头顶聚合一处，像古时挂在马脖子底下的铃铛。自然，这便是花名的来历。

马兜铃的花朵很不起眼，有人说它们长相丑陋。它的确无色无姿也不香，不仅不香，大部分都有臭味。美丽马兜铃甚至会散发出死老鼠的气味，令闻者作呕。

马兜铃花朵的长相，不是传统意义上的合瓣花或是离瓣花，我喜欢用怪异二字来形容它们：拥有一个布满斑点的喇叭口，一个长长窄窄的花被筒，外加一个圆球形的空腔。打眼一看，这鼓起来的空腔，活像一个盛放东西的兜子。

尽管貌不惊人，但假如挨个给园子里的植物做 IQ 测定，马兜铃的智商，绝对是爱因斯坦级别。马兜铃花朵的形状、内部结构、气味乃至雌蕊与雄蕊的成熟时间，都显出深谋远虑而又聪明的智者形象。

夏秋时节，像铜管乐队里大喇叭状的马兜铃花纷纷探出头来，开始彰显它们无与伦比的智慧脑袋。

第一个知晓马兜铃开花的生物，必定是蝇类。因为马兜铃一旦开花，就会用气味招呼蝇类："赶快过来，我这里有好吃的了。"这气味，对人来说，臭不可闻，但对潜叶蝇来说，却是上等美味。

踏味而来的潜叶蝇，在有着怪异斑点的喇叭口周围稍事飞舞后，便迫不及待地一头钻进马兜铃长长窄窄的花被筒里。如果说香味只是一封邀请函的话，花朵身上的斑点，就是饭店的招牌，代表着这里有食物。

当潜叶蝇从斑点处爬进花朵下面膨大的艄部时，空间豁然开朗。是的，好吃的多浆细胞都集中在这里。艄部是一个近圆形的空腔。空腔底部有一个淡黄色的突起物，这个突起物的顶部就是雌蕊的柱头，柱头六裂，在柱头下面环绕贴着六枚雄蕊。

马兜铃为一朵花设计了两天的花期。花朵大都选择在清晨开放，第一天，马兜铃让雌蕊率先成熟，第二天清晨三点半左右，才让柱头下方雄蕊上的花药成熟、开裂。

无论潜叶蝇愿不愿意，从钻进马兜铃的喇叭口开始，它就正式升级为这朵花的媒婆。这个媒婆角色，潜叶蝇必须扮演一整天。

兴冲冲的潜叶蝇在马兜铃花朵里左闻闻右叮叮进食时，它身上沾着的从另一朵花上带来的花粉，肯定会涂抹在这朵花的雌蕊柱头上。不知不觉间，媒婆为马兜铃完成了异花授粉。

当潜叶蝇吃饱喝足，打着饱嗝，想要出去的时候，才发现刚才进来的花被筒，被肉质的刺毛堵得死死的。这刺毛是斜向里生长的，顺着肉质刺毛的方向爬进来可以，但现在要逆向爬出去，简直比登天还难。

潜叶蝇也意识到，自己被这个花笼子禁闭了。在大兜子里转悠了无数圈后，潜叶蝇终于放弃了想要越狱的打算，既来之，则安之吧。

花被筒里守卫的刺毛，在喇叭筒处

▲马兜铃

肉眼可见。我曾经用手触摸过，能感受到潜叶蝇当时的无能为力。

成熟了的马兜铃雌蕊柱头，在接受了潜叶蝇带来的花粉后，很快萎缩——花粉快速萌发出花粉管，向子房内管的胚珠伸去，柱头这个时候便失去了再度接受花粉的能力。翌日清晨，花笼里柱头下方雄蕊的花药成熟并开裂，轻而易举地将花粉洒在还在四处转悠着的潜叶蝇身上。

待潜叶蝇多毛的背腹沾满了马兜铃的花粉粒后，马兜铃方才给潜叶蝇派发出一张解禁令。花被筒里的肉质刺毛，开始神奇地变软并萎蔫，长度变为只有之前的四分之一，最后软趴趴地贴在花被筒的内壁上。就这样，马兜铃为潜叶蝇主动开启了一条可以爬出去的光明通道。

潜叶蝇背负着这朵花的花粉粒，轻松爬出被筒，它终于结束了一天的禁闭生活，展翅而飞。空气多么清新，阳光无比灿烂，媒婆潜叶蝇开心地唱出声来：山重水复疑无路，柳暗花明又一村……呵呵，这世间之事，只要生机不灭，终有苦尽甘来的日子。

奇怪的是，尝过禁闭滋味的潜叶蝇，似乎很快就忘记了曾经被一朵花禁闭过。或许，它很贪恋那种囚徒生活，或许它又饿了，或许，马兜铃花朵的气味诱惑力太强，总之，潜叶蝇刚刚恢复自由身，飞不多久，便被另一朵刚刚开放的马兜铃花吸引，在花笼的喇叭口上转悠了几圈后，再一次钻了进去。

好几次，看着即将钻进马兜铃花朵里的潜叶蝇，我忍不住对着它喊："小傻瓜，你不知道这是马兜铃开设的禁闭室吗？"可惜，小虫子听不懂我的语言，就像我不懂马兜铃的智慧来源一样。

马兜铃只简单地以气味为诱饵，就招来了潜叶蝇，让一种能跑会飞的生物，乖乖进入它布局的传粉牢房里。这听起来像个神话传说，却实实在在地存在于我们身旁。

据说，马兜铃酸对人和动物肾脏的损伤是不可逆的，但站在马兜铃的立场上考虑，这其实也是它的初衷——少来骚扰我，我可不是好惹的。

人与植物相安，万事大吉。

薄伽丘说，人的智慧是快乐的源泉。马兜铃听到后大概会说：我的智慧，是我快乐的源泉，更是我生存繁衍的保障。

夏日的风里，马兜铃牵藤，蔓延成满墙满眼的绿色，模糊而又真切，弱小而又伟大。

花事如棋，局局新。目标明确、手段高明的植物花招，多到不胜枚举。只是平时大家没有机会关注，或者不愿意去关注罢了。

萦绕在花朵和枝叶间的神奇力量，是植物自带的光芒，总是吸引我去靠近，去探究。在花朵的一招一式里，我看到了植物焕发出来的生命潜能，感受到了它们努力的姿态。

和人相似，这姿态里，植物的一厢情愿，不无焦虑的欲望，甚至没有腿无法移动的无奈，也被我一览无余。

这些颇有趣、颇令人回味的花拳绣腿，让我对植物、对植物生存的智慧，有了特别的认知；让我俯下身子，用平视乃至仰视的目光，重新打量植物，并认真思索眼前的世界。

（2024年陕西省优秀科普文学作品成年组一等奖）

仁心

文/田佳辉
（宝鸡市口腔
医院）

第一场 结业会

场景：桌子一张，凳子四把，老院长站立，群演乙、丙坐于下。群演甲拉医生上台。

甲：小谢你快点儿，培训仪式已经开始了，老院长要讲话。

医生：来了，来了，你别催我呀！

老院长：诸结训之医生，你们当眼无贫贱富贵之分，唯以祛病除患为要务。不忘初心，我们的初心，当是仁心，解病的仁心；牢记使命，我们的使命，当是生命，挽救患者的生命。辛劳采得山中药，克奋医活世上人。希望你们也能杏林威望重，岐黄妙术高！谢谢。（鞠躬，下）

（三群演起立鼓掌，向台前走）

丙：老院长讲得真好啊！

甲：是啊！

乙：我们也要辛劳采得山中药，克奋医活世上人。

医生：同仁们，让我们一起铭记，我们的初心就是仁心，我们的使命就是生命吧。

第二场 受 骗

场景：桌，椅，酒瓶，小药瓶，钳子，纸包，招牌，报纸。

人物：游医（狡黠的），患者（精明又无知的）

游医：（边走边上场，陕西普通话说台词）改革开放没几年，全都下海赚大钱，要问什么来钱快？（与观众互动）No，骗钱！（解释辩解状，改关中话说台词）我这可不叫骗，我这是叫市场经济下的新型医疗（偷笑）。拿出我行走江湖的宝典——江湖医生骗术大全。（坐）就指这过日子呢。

病人：（边上场边说台词）改革春风吹进门，中国人民抖精神，吃好喝好生活好，就是牙疼折腾人。（捂牙下蹲状）哎呀，人说这牙疼不是病，疼起来要人命。火车不是推的，牛皮不是吹的，这疼真不是我胡吹的。疼过《烙碗计》那娃受烫的手，疼过《摘星楼》梅伯受炮烙的那肚，疼过俺媳妇给我下儿郎，疼得我在炕上不停地炒豆。（捂腮与观众交流状）啥？你说炒豆是啥，炒豆就是那个翻腾过来翻腾过去地睡不着么，跟他婆给娃炒黄豆一样的么，（冲观众）咋像知不道啥些呢。不行这得去医院看看（前走状）。

游医：（吆喝状）拔牙，补牙，镶牙。开业大酬宾，拔一送一。牙牙牙！便宜拔了啊，便宜拔了啊。咱这拔牙，比不上孙猴子七十二变，倒比得杨二郎劈山手段。你是斜的、顺的、直的、拐的，咱这补牙，不敢比女娲娘的那妙手补天，可也敢比他外科圣手。张仲景给咱托过梦，孙思邈给俺掌过灯，玉皇爷给我补过课，观世音替我发过声……

病人：（受吸引停下）唉，这儿有个看牙摊，不去医院了。（冲观众）医院看病就像交易证券，花钱跟娃娃闹着玩似的，小小个故障，就叫你花钱来的、检查来的、同意来的、证明来的。把事情弄一河滩，事多（偷笑）。主要是——医生、学徒念书的时候考试只看重点，你要真把病得到重点外了，他还看不了（偷笑状）。（叫游医）师傅，你给我看看这牙（坐）。

游医： open your 嘴巴。

病人： （未听清的）什么？

游医： 把你那吃饭的家伙，就是你渴了灌汤的那个东西，也就是说你花言巧语哄你家丈母娘的那个武器，洋文把那叫"冒失"，文雅一点的人把那叫口，年轻女孩人家那是朱唇，给你说就是把你那老嘴，（指自己嘴）嘴、嘴，给咱张大。你嫌我说话不好听，我给你学学医院年轻护士那服务（扭捏状）："先生，请打开你的口腔"，这一下明白了吗？

病人： 师傅你还洋货得很，你这么说我就懂了。（张嘴状）

游医： 完了，完了，完了，完了！

病人： 师傅你别吓我，我这还有救吗？

游医： 完了，你这嘴张得太碎我啥也瞧不见。

病人： 你可吓死我了。

游医： 疼？

病人： 嗯！

游医： 这也疼。

病人： 嗯！

游医： （擦汗状）失塌了，这咋到处都疼。（冲观众）寻个最疼的拔了算了。

游医： 这牙，得拔，拔了就不疼了。

病人： 大夫，不拔行不行？

游医： 你这个病是打算连根治好了呢，还是给你落点念想你回去解闷呢？

病人：哪有拿牙痛解闷的，你给我连根拔吧！

游医：上牙 60。

病人：30 就 30。行吗？

游医：30 张嘴。

病人：便宜了，拔牙还带打折的。

游医：来，先麻醉。

病人：条件真好，还带麻醉的！

游医：先来几粒花椒（打开纸包）。

病人：这是干什么？

游医：你是师傅还是我是师傅？

病人：你是你是。

游医：再来点药（递瓶子）。

病人：（尝酒）这咋是酒呢？

游医：麻醉麻醉，先麻后醉。（阻挡状）哎哎哎，别喝了。只交了 30 你还想喝多少。（夺瓶取钳子，小声自言自语）上回在凤翔针灸给人家把腰扎坏了，这第一次拔牙应该没什么问题吧？我也喝两口壮壮胆。（喝酒，放瓶子）张嘴。

病人：啊！这么大的钳子啊。

游医：磨刀不误砍柴工，钳子大了好拔牙。张嘴（作拔牙状）咳嗽一声。

病人：（咳嗽状）

游医：嗯，下来了，（小声嘀咕）这咋还带一块肉（手背后迅速隐藏）？

病人：啊，师傅你这生拔呀！早知道我让我媳妇拔了，她劲比你大多了（作摸脸状）。不对呀师傅，你这牙是拔了，可我怎么觉得牙还疼呀！

游医：来，我瞧下。（看病人）坏了，你疼的是上牙，我拔的是下牙。

病人：你怎么给我拔错了呢？

游医： 没错，上牙 60，下牙 30，你掏的是下牙的钱，我肯定给你拔下牙。

病人： 啊！师傅你这广告不是说拔一送一吗？你受累给我把这上牙也拔了。

游医： 你听清楚，我说的是：拔一颗牙送一张报纸。

病人： 啊！你这个庸医，我不看了。

游医： 你的报纸（病人夺报纸呻吟而去）。

游医：（冲观众小声）又治坏了，牙科还是不好弄。下一次去周至县拔罐，风险低。

第三场　治　疗

场景： 牙科诊室布置，舞台中间放牙椅一张。

病人：唉，关键问题还得找医生啊。（捂腮，慢步上场）宝鸡市口腔医院，这看着不赖。

医生： 好了，小刘、小张，这个患者就到这吧。

（病人疾步向前，进医院状）

实习生 1：（阻挡状）您好，叔，请先挂号排队，稍等一会。

病人：（跳起甩手生气状）等会？我这都痛得不行了，你给我说等会，你这两个娃娃咋这么坏呢！现在赶紧给我看一下！

实习生 2： 可是您还没挂号，前面还有病人呀。您看，大家都是先挂号再排队看病的！

病人： 我咋能知道它咋今天就疼得这么磨人，也没人给我通知。我早知道是这样，我昨天就把队排上了，还用你说。哎呀，哎呀。疼了疼了！（捂腮暴跳状）我不管，我疼得受不了了，你们现在赶紧给我治。

医生： 小张、小刘，怎么了？

实习生 2： 老师……

医生：（看学生）我知道了，正好这个患者看完了。（望向病人）您跟我进来吧，待会看完去补个号，再缴费就行。

医生：（边走边问，嘱咐病人躺上椅位）您是个什么问题呢？

病人： 医生啊，我从前几天下午就一阵一阵地牙疼，疼到晚上还止不住，晚上疼得在炕上炒豆。

实习生 1： 什么是炒豆？

病人： 炒豆就是翻来覆去睡不着，这孩子咋这么笨。医生，我前两天在我们乡上大集那，庸医那摊摊上看，医生还给我把牙拔错了。

医生： 你看牙还是要去正规医院的，大集上的那种是不能相信的。（调整椅位灯光，患者张口医生检查）您是这个左上牙疼吗？

病人： 大概……是吧……我也说不清了。

实习生 2： 哪里疼都不知道吗？

医生： 小刘啊，急性牙髓炎患者是很有可能分不清哪里疼的，因为咱们的牙髓没有本体感觉纤维，它只能感受到疼痛，却不能区分清患牙。（冲病人）您是晚上疼得厉害吗？是不是躺下疼得厉害，坐起来、站起来就好点？

病人： 医生啊，你有当半仙的天分呀，我在家啥样你都能知道，比我们乡那王瘸子，不对，王神算说得还准。

实习生 1： 那您是不是吃热的东西就疼得厉害，吃点冷的就能缓解一点？

病人： 唉，你这个小半仙，说得还真像回事。我就是一口一口含凉水，含了一晚上凉水，我都喝饱了。

医生： 非常正确。牙髓在咱们封闭的牙齿当中，空间有限，发生炎症后血管扩张，白细胞渗出，使得牙髓压力升高，在封闭的空间又得不到缓解，使牙髓产生疼痛。牙髓的血管热胀冷缩，受热血管扩张，渗出加重，疼痛自然加重，而受冷收缩，牙髓的压力缓解，所以疼痛就会缓解。

病人：照你这么说，我这牙是憋胀得疼啊，看来是我受媳妇气太多了。

实习生：（实习生偷笑状）

医生：小张、小刘，你们来看，他的左上第二前磨牙近中有个深龋洞，这个不太容易发现，这可能就是他的病因。

实习生1：老师，那我们拿探针探一探？

实习生2：这会就尽量不要用探针刺激患者了，因为患者牙髓处于激惹状态。我们能确定深龋洞就不要再用探针激惹牙髓了，否则疼痛加剧，增加患者不必要的痛苦。

医生：你们说得都很对。我们拿个冰棒来做冷诊。（棉球隔湿，作擦干状）这个牙缓解没？

（患者摇手）

医生：这个牙缓解没？

（患者鼻子发声否定）

医生：这个呢？

（患者肯定状，发嗯声，并不停点头）

医生：（对实习生）这就是主诉牙。

医生：（对患者）您起来吧，您的问题已经找到了，是左上第二前磨牙龋病导致的牙髓炎。您去拍个片子，我们确定一下牙根情况。

病人：不拔吗？

医生：这个可以通过根管治疗的办法保留牙齿，不必拔除。

病人：到底是宝鸡市口腔医院，到底不一样。

你们这些医生看病就像阎王捉小鬼——手拿把掐。武大郎打老虎——手到擒来……

实习生：（迅速打断病人台词）叔，您去挂号缴费拍片吧。

（患者答应，下场）

医生：（讲解状）小张、小刘啊，今天这个患者就是典型的牙髓炎。引起牙疼的原因有很多，在临床中一定要仔细鉴别，切记不可见到牙疼就拔牙。

实习生1：老师，那什么是牙髓炎呢？

医生：牙髓炎是常见的引起牙疼的疾病，尤其是急性牙髓炎，它就是各种原因导致的牙髓炎症。

实习生2：那为什么会这么疼呢？

医生：因为牙髓血供单一，缺少侧支循环，而牙髓空间有限，牙齿硬组织可让性极小，牙髓又只能感受到痛觉，缺乏定位能力。所以对于任何刺激，牙髓都只能表现为疼痛。而且疼痛比较剧烈，可向周围放射。

实习生1、2：那为什么冷水会缓解疼痛呢？

医生：我们都知道热胀冷缩，牙髓血管热胀冷缩可以改变牙髓的压力状态，故而患者的疼痛表现为热痛冷缓解。我们的疼痛与神经也有关系，夜间迷走神经兴奋，痛觉敏感；平躺时牙髓血供增加，牙髓压力增大，使患者疼痛加剧。我们在诊断时要抓住疾病的特点，可以通过冷热诊来判断牙髓状态，帮助我们的确诊。这是你们需要知道的。好了，我们等病人拍片子下来吧。

（所有人上场，鞠躬谢场，下。全剧结束。）

（2024年陕西省优秀科普文学作品成年组一等奖）

解译来自秦岭的
"绿色密码"

文 / 陈龙（中国地质调查局西安矿产资源调查中心）

　　我们该如何定义自然资源？是指自然界中人类可以直接获得并用于生产和生活的一类物质吗？还是一抹由山、水、林、田、湖、草共同汇聚而成的天蓝水绿、虫鸣蠡跃？

　　我们该如何定义森林？是一种以木本植物为主体构成的生物群落吗？还是一株株由苍松翠柏、瑶草奇花手挽手构建起的"地球之肺"？

　　我们该如何了解森林？是通过一个个林场的名字、一块块森林保护的标识？还是一串由森林面积、覆盖率、蓄积量、生物量、碳储量等数据构成的精确评价指标？

　　我们发现，定义往往是相对冰冷的，而自然铺陈的画卷，更是难以用文字简单诠释。

　　我们从一座山、一片林说起。在这一抹绿色的背后，其实存在着人与自然和谐共处的"绿色密码"——这个"密码"是一个诉说，向我们讲述自然给予我们的馈赠；这个"密码"也是一个警钟，警醒我们一味索取或是放任不管，都是对双方可持续发展的不负责任。

溯　源

　　今年（2024年）1月，胡歌、刘涛、陈龙在综艺节目《一路前行》中，走进了海南热带雨林国家公园，跟随科研人员进行了一次森林样地调查。他们在 20m×20m 的样地范围内，调查了每一株树的树种、名称、树高、胸径等，从乔木、灌木到草本，覆盖各个层次的植物。像这样经过长距离林地穿越、面对毒虫野兽的威胁、在恶劣的气候环境下获取现地第一手数据，正是科研工作者解译"绿色密码"的第一步，我们称之为森林资源调查。

　　森林资源调查起源于法国。1878年，顾尔诺在巴黎万国博览会上发表了论文《在森林实施面积法的经理手册》，提出了"定期检查森林生长与收获，计算各径阶定期生长量，积累数据和经验，预测森林变化，指导森林经营"的理论，被称为"检查法"。检查法作为一种集约经营的方法，至今仍对森林资源管理工作具有指导意义。1890年，毕奥莱在瑞士的纳沙泰尔的两个乡有林中引进检查法，以后在纳沙泰尔推广，将实践和经验凝结成《森林经理》一书，形成了森林调查方法的雏形。

　　在我国，人们对森林资源的关注可追溯至17世纪40年代。彼时，在我国杉木主产区——长江中下游地区，就形成了专门的森林调查技术，并编制了"龙泉码价"，相当于现代的一元材积表、出材量表和材种等级表的集成，用于买卖青山时的树木材积和价格测算，是世界最早的材积表。

　　1971年10月25日，联合国第二十六届大会表决通过恢复中华人民共和国在联合国一切合法权利决议后，为了适应联合国安全理事会常任理事国的作用，加强治国理政能力，家底调查势在必行。1973 年起，我国开始建立以省（区、市）为总体、固定样地调查为主的系统抽样森林资源连续清查体系，在全国共设置了 14.7 万余个地面固定样地，每 5 年复查一次。对样地内树种、胸径、树高等样木因子，以及地类、树种结构、起源、优势树种、郁闭度、平均年龄、土壤、灌草等样地因子进行调查，计算获取森林面积、森林蓄积量及其变化等数据，统计和分析全国和各省森林资源现状及其消长变化。至今已经进行过 9 次调查，为制定和调整林业方针政策、编制国民经济和社会发展规划等提供了科学依据。

至此，这一"绿色密码"正在被我们渐渐解开，展现在世人面前。

求解

2020 年，一群年轻人走进了陕西省秦岭山区绵延的山脉中，他们携带 RTK 测量仪和其他测量仪器，沿着前辈留下的坐标，向秦岭腹地进发，去寻找 40 余年来已被造访过 9 次的森林样地。我们无法用穷举法调查到每一株树木，而统计评价单位面积内的样木质量、以点带面推算整体的抽样调查法，为我们提供了解决问题的方法。为了控制抽样精度，专家在陕西省全域范围内布设了 6440 个森林固定样地，它们沿着 8 km×15 km 的等公里网格，在广袤的土地上延展开来，每一个网格交点上是一个 28.28 m×28.28 m 大小的样地，其中的乔木、灌木、草本、地被物、土壤等状态，代表着周围的森林状况。为了计算单株样木的材积量，专家们再次利用统计学方法，将树木等效为锥体，拟合了距地面 1.3 m 处树木直径和体积的几何关系，区分地域、树种建立了一元材积表。这样，调查者只需在现地测量样木 1.3 m 高度处的直径，即可在室内运用材积表计算出单木材积，进而统计样地蓄积，并推算出全省的森林蓄积量。

6440个样地，10余万株样木，静静等待5年一遇的造访。来访者换了一茬又一茬，这些树木犹如老者，欣然向后来人讲述着枯藤的颓败和新叶的萌生，讲述着气候的变迁、虫蚁的侵袭和生命的悸动。这一讲，时光已过了40余年。我们总说"十年树木，百年树人"，但在亲手抚触过枝干上厚重的苔藓和枯败的树皮后，方觉树木从萌发到扎根，从破土而出到向阳而生之不易。5年岁月并不能在树木上刻画出过于明显的痕迹，很多时候，胸径的增长甚至需要以毫米为单位去度量，而那些萌生于林间，尚不及手腕粗的"幼木"，年龄甚至已过三旬，"十年树人、百年树木"，或许是这一"绿色密码"的第一种"解"。

地质工作者通过遥感等手段，可以准确勾绘出陕西省地形图（如图一所示），而对于森林的测绘就有些束手无策了。在图中只能读取均一的绿色，如陕西省乔木林分布图（如图二所示），事实上，图中绿色标示的林林，由于树种、生长状况等不同，森林质量不尽相同。通常，森林蓄积量的高低可作为评价森林质量的指标之一，我们可以通过样地调查数据，采用空间插值的方式，将森林蓄积量勾勒出来。当绿色有了深浅，人们对森林质量也就有了直观的体现——受南北地理分界的影响，陕西省自北向南、自西向东的水源、气候、光热条件都逐步变好，这一环境差异导致了陕西省北部森林生态功能弱于南部，陕西省森林蓄积量分布图中的深绿部分（如图三所示），是全省森林蓄积量较高的区域，它们分布在五大林区内，多为受到人为保护的天然

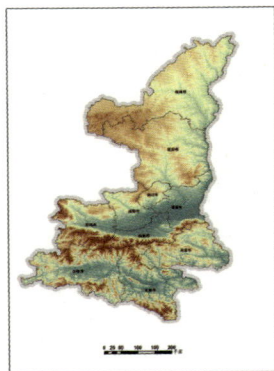

图一　陕西省地形图

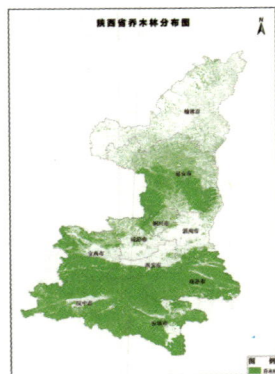

图二　陕西省乔木林分布图

林。特别是秦巴地区，绵延的群山阻隔了人为影响，也孕育了这一片"陕西之肺"的勃勃生机。同样在陕南地区，在汉中盆地、安康、商洛，城市建设占据生态空间，平原区为人类生存创造了良好条件，也让森林的扩张的脚步在此放缓。人类活动影响森林质量，也将承担森林质量下降的后果，这其中的相伴相生，应该是这一"绿色密码"的第二种"解"。

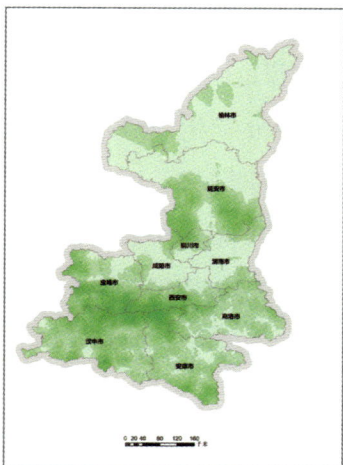

图三　陕西省森林蓄积量分布图

我们将目光再次聚焦于树种、起源和年龄等指标，这时"绿色密码"又被赋予了新的"解"。从起源上看，陕西省天然林蓄积占比近90%，这是秦岭、巴山、黄龙山、桥山等山区留给我们最为朴素的馈赠。从树种上看，阔叶树种蓄积量占比高达80%，这是因为在陕西省人工造林修复的历史中，曾多选择栎类作为种植树种，这也导致了全省树种丰富度不高；同时，刺槐蓄积量快速增高，反映出陕北地区人工造林成效日益显现。从龄组上看，油松中龄林生物量最高、柏木成熟林生物量最高、栎类过熟林生物量最高，这反映出不同树种在各自生命周期中不同的生长速度。

类似的"解"还有很多，它们指导着专家们制定针对性的保护措施，更好地维持森林资源健康发展。

我们或许认为，为什么要人工干预森林的生长呢，任由其生长，它总会越来越粗壮不是吗？答案是否定的。当我们对全部森林样地的郁闭度–蓄积量、年龄–蓄积量等关系进行拟合时可以发现，蓄积量并不是伴着树木一生始终增长的，当林地郁闭度高于0.8左右，树木年龄进入成熟林–果树林期间后，一株树木的生长即进入了衰败状态。从自然界的角度来看，任由其消亡、倾倒、腐败、新生是又一轮原始的轮回，但从资源利用的角度和林地保护来讲，对适当年龄的树木进行适度的采伐利用，于整片森林和人类是双赢的，这或许来到了这个"绿色密码"的最后一"解"。正如一本童话所讲，一棵伴着孩子长大的老树，在孩子幼年到成年的成长中，给予了它所能给予的荫蔽和玩物，却目送孩子渐行渐远，待到孩子远游而归，老树已一无所有，只能给予这具疲惫的身躯一个缺席多年的依靠。百年树木，在其生命的最后，再次奉献于人类，这应是我们感激不尽的珍贵馈赠！

解 译 者

自 2019 年以来，中国地质调查局西安矿产资源调查中心抽调 150 余人次，组建 60 余个工组，出动车辆 70 余台次，先后在新疆维吾尔自治区、甘肃省、宁夏回族自治区、陕西省、河南省、安徽省、江苏省、上海市开展自然资源调查监测工作。

4 年间，他们从遥远的西部边陲，行至繁华的东方明珠，在横跨祖国 5200 余公里的版图上，风雨兼程、披荆斩棘，登天山、攀昆仑、越祁连、穿秦岭……他们不忘初心、牢记使命，为国家"双碳"目标、为自然资源部行使"两统一"职能、为解译这一"绿色密码"提供了坚强的数据支撑。

致敬，向每一名披星戴月、向阳而行的绿色"使者"！

（2024 年陕西省优秀科普文学作品成年组二等奖）

尖尖的寻医之旅（节选）

文／韩思雨　白忠德（西安财经大学）

①

十月初，佛坪县三官庙牌坊沟，满山的树林层层叠叠地铺向远处，红的、黄的、绿的叶子把整个秦岭南坡涂抹得一片斑斓。树下开阔处，巴山木竹趁机疯长，高大笔直，郁郁葱葱。太阳像个银盆，挂在中天，再没有了夏日那般炎热，柔柔的，暖暖的。

熊猫尖尖踩着苔藓，迈着碎步，微微低着头，缓缓前行。他走得很慢很慢，抓紧时间享受这慷慨的阳光，晓得冬天快来了，日头也会吝惜起来。他稍稍打扮了一下，身着黑白服，白处似雪，黑处如墨，身子胖胖的，头颅大大的，额头鼓鼓的，脸颊圆圆的，腿儿短短的，向内弯着。最耐看的当属耳朵和眼睛了：那双耳朵黑黑的、茸茸的，似半个椭圆，朝前斜立着；黑眼圈更像是毛笔左一撇右一捺，便顿出个"八"字来。

尖尖刚满三岁，离开母亲独立生活一年半了，可他距成年还有两年。野生熊猫要在五岁左右性成熟，谈恋爱结婚，生育下自己的宝宝。他们的成人世界，是从结婚生子开始的。

刚刚睡完午觉，尖尖揉了揉惺忪的眼睑，迈着细碎的步子，想到不远处一片木竹林中进食晚餐。那片竹林葱绿密实，春里生出很多笋子，根本吃不完，好多长成了嫩竹。除过竹笋，当年生的竹枝、竹叶最爽口了，养分多，还不费牙。旁边有一条小河，河水清澈甘甜，吃饱了就地饮水，很适合熊猫们的生活习性。那儿也是个过夜的好地方，地上一层厚厚的干竹叶，躺在上面，甭说有多舒服了。光是这么美滋滋地一想，尖尖便不由得加快了步伐。可他万万没料到这个愿望不仅会落空，而且还会给自己惹上麻烦。

来到竹林边，尖尖刚要扯下一根嫩竹枝享受一番，却听到林子里传出一阵细微的声音，夹杂着一两声画眉鸟的叫声。熊猫是近视眼，可耳朵很好使，能逮住远处的任何风吹草动。"是谁在这里？"他很好奇，蹑手蹑脚地往前靠近，步子很轻柔，像狮子、老虎那样不发出一点响动。在距离声音发出不到二十米的地方，他停了下来，看到面前矗立着一块大石头，他顺势趴在上边，往下一瞅，吃惊得差点儿叫出声来："这不是花花大姨吗？她们怎么会在这里？"尖尖的脑袋"嗡"地一声，心里起了疙瘩，像是晴朗的天空涌起了团团乌云。

熊猫家族是有祖规的，除过谈恋爱和抚育宝宝，平日里他们都独来独往，因此也被誉为"独行侠""竹林隐士"。两年前夏日的一天，尖尖刚满半岁，妈妈就领着他上光头山"打游击"，途中匆匆见过大姨一次。

"打游击"是秦岭大熊猫的行话，有着特殊的所指。

秦岭大熊猫最欢迎巴山木竹、秦岭箭竹，但由于季节差异，食谱需定时更换。为了吃到最可口的食物，他们戒掉了一些懒散，开始走动，逐竹林而居。每年 4 月到 6 月中旬，海拔 2000 米以下中低山的巴山木竹笋冲出地面，又多又鲜嫩，他们忙着掰笋子，享受一年中营养价值最高的美味；到了6月下旬，气温升高，竹笋逐渐木质化，他们又赶到海拔2200米以上的松花竹林，那儿的笋子刚刚冒头，可口得很；8月，松花竹笋慢慢老化，头一年的竹笋发出嫩叶，口感也不差；到了9月底10月初，高山落起雪子，风大而硬，松花竹叶卷曲成灰色，不用谁号令，他们纷纷撤回海拔1900米以下的巴山木竹林，取食当年新竹生出的嫩叶；再到翌年的1至3月，寒了天，冻了地，竹叶硬得扎嘴，青幼竹茎 倔强、大方地接待了他们。

"打游击"时走累了，尖尖就顽皮地从妈妈屁股后面爬上去，紧紧抱住妈妈，让妈妈背着自己前行。那段路有些陡峭，竹林密布，藤蔓缠绕，非常难走。不一会儿，妈妈就大口大口地喘息起来，可她没有一句怨言，依然吃力地向前。

"妹妹，你怎么这么娇惯孩子，这是害他啊！"花花也上山，正巧在不远处看到，于是大声提醒妹妹。

"姐姐，我劲大着呢，背一下没啥！"

"那你就可劲儿宠吧，以后莫要后悔哟……"花花愤愤地说，脚下不停地迈着步子。

"大姨太好管闲事啦！"尖尖从此便对花花大

▲大熊猫背仔图

姨很是反感。

"你大姨是好心。"

而现在大姨和表弟就在眼前，他不想搭理，却也忍不住好奇，想瞧瞧大姨究竟是怎么带孩子的。

②

花花带福仔漫步在竹林中，福仔不时用手掌掬起地上散落的竹叶，一把把抛向天空，玩得不亦乐乎。福仔是花花的儿子，去年秋末出生，十个月大了，既聪明又淘气。今天阳光正好，花花觉得教儿子取食竹子一事不能再拖了。

"福仔，妈妈最后再教你一次吃竹子。上树你学会了，吃竹子和爬树对我们熊猫来说一样要紧。"花花的语气有些硬，似乎堵死了福仔撒娇的余地。

福仔的眼神左右闪躲，又打算像往常那样赖过去，他撒娇般扑进妈妈怀里，左手抚摸着妈妈的脸颊，调皮地说："妈妈，奶水多香甜啊，过几天再教吧……"

"绝对不行，再不能耽误了！我可不会像你小姨娇惯尖尖表哥那样宠着你，要知道只有学会吃竹子才能活下来。"花花的脸一黑，语气愈发坚决。

"妈妈，世上好东西那么多，我们为啥要选竹子？"福仔好奇地问。

"这说来话长呢，"花花娓娓道来，"800 多万年前，我们就生活在这个星球上，原本以食肉为生，不愁吃喝，无忧无虑。可这好日子只维持到 1.8 万年前，第四纪冰期来临，气候剧变，剑齿虎、剑齿象、中国犀等上百种成员都灭亡了。我们也同样面临食物匮乏的窘境，以我们的本性，完全有理由像老鹰那样专等着吃腐败的尸体，但我们却没有老鹰那样敏锐的目光和矫健的飞翔能力。按着生物进化的法则，下一个绝迹的就该是我们了。幸好我们的老祖宗聪慧，处事灵活、懂得变通，一狠心抛弃了祖辈的食肉法则，在经过一番艰难的抉择后，最终锁定了竹子，令我们成为肉食类动物中唯一吃素的。"

"看来竹子是我们的救命恩人呢！可妈妈你还没回答我的问题……"

"别着急。"花花摸摸福仔的脑袋接着讲，"还有人说，我们打不过食肉动物，惹不起食草动物，只好改吃谁也不吃的竹子。可这种说法是经不起推敲的。我们虽斗不过大型食肉动物，但本性凶猛、个头又大，一般的食草动物像麂子、梅花鹿、香獐、黄羊等肯定不是我们的对手。他们都能存活下来，想必我们要是以草为生，也绝不会差。具体原因谁也搞不清，反正竹子成了我们的命根子，一时半刻离不得。所幸在四川、甘肃、陕西有60多种竹子，一丛丛、一簇簇、一片片，常年茂盛地生长在凉山、大小相岭、邛莱山、岷山、秦岭，供应着吃不完、用不尽的爽口食粮。这些地方竹子分布广，生长快，产量高，虽说营养成分低，但一年四季常绿，食源竞争对手很少。只有小熊猫和竹鼠，他们个头小、食量轻，竹鼠还是我们的开胃点心呢……好啦，好啦，不说了，抓紧学习吧！"

花花随手扯过一根竹子，用胖乎乎的前肢将竹竿上半段拉入怀中，向下方将竹叶拖送至嘴边，偏着圆滚滚的脑袋，青黝黝的嘴巴一张一合，挑食着竹叶、竹茎，把竹子弄得哗哗作响，吃一阵还慢悠悠抬头四处张望一番。有时竹子太高拖拉不动，花花就

▲大熊猫食竹图

将竹竿咬断几节，再将竹梢拖至胸前，用右前肢捉住竹叶，门齿从叶柄处咬断，将竹叶衔在右边嘴角，待到有十几片，再用左前肢从右嘴角取下，握成筒状，像人吃煎饼一样逐段嚼食。

福仔学着妈妈的样子，摘了一片竹叶，放进嘴里细细啃咬、咀嚼。刚咬碎，又想要吐出来，被妈妈制止了，花花用眼神示意儿子把它咽下去。

福仔抬头对上妈妈严肃的脸，只好积攒了一点唾沫，混合着竹叶咽了下去。

花花看着，心里很高兴，嘴上却没夸儿子。她耐心地叮嘱福仔，吃竹枝时要小心，不要让竹签扎伤；走路时得小心，竹茬很锋利，有一年她的脚板扎了根筷子般粗的竹签，化了脓，差点没命，幸好被人所救。老竹子病虫害多，要尽量少吃；冬天竹叶上积着雪，得用前肢将雪拍掉，卷筒再吃。嫩竹茎皮薄嫩软，易咀嚼，营养丰富，关键是要会挑选。说罢，花花还给儿子教了个绝招，先抓住竹竿轻轻摇晃，那些动感小、竹叶多的便是嫩竹了。

"大姨讲得不错。这些知识妈妈从没讲过，我也是学到东西了。不过大姨总是拿我当反面教材，实在可恶。"尖尖听着听着，忍不住埋怨起来。

③

夕阳依依不舍地收走了最后一线余晖，西天蒸腾起火红火红的云团，映射到微微翻动的竹叶上，泛出金黄色光芒。

"妈妈，你的脸成金色啦！"福仔笑嘻嘻地边说边伸出手去摸妈妈的脸蛋。

"福仔，你也变成金宝宝啦！"花花忍不住笑出声来，"这都是借了晚霞的光……"

"你回来——"

"你回来——"林子里传来一声声鸟鸣。

"妈妈，你听，这是啥鸟叫呢？"福仔撒开脚丫朝声响处奔去。

"福仔，不敢跑远了，有危险……"花花不放心，也爬起来，紧紧跟在儿子身后。

突然，福仔扑闪着一双大眼睛，好奇地凑近地面："妈妈，妈妈，你快来看呀，地上的这些小洞是什么？是猎人布置的陷阱吗？"他一边说，一边用手抠洞口。

花花走上前，只瞧了一眼便笑着说："这可不是什么猎人的陷阱，现在我们受到了很好的保护，再没人敢做伤害我们的事儿。这些洞洞啊，是竹鼠的家。你看周围有几株竹叶已经泛黄枯死了，那是因为竹鼠把竹根掏着吃了。宝宝，你的运气太好啦，今儿就给你吃好吃的。"

"妈妈，竹鼠也能吃？咱们不是只吃竹子吗？"

"唉，其实我们也不是完全意义上的素食者，尝些玉米、南瓜、四季豆、猕猴桃、山枇杷、野樱桃啥的，舔食含硝盐的土、衣服上的汗渍，偷吃农家的猪饲料，有时候动物尸体也是我们的营养大餐。竹鼠的肉肥嫩细腻，素有'天上的斑鸠，地下的竹溜'之美誉……"花花不自觉咽了口唾沫，继续说，"捉竹鼠最要紧的是认场，也就是辨认竹鼠的活动场所，可以依据从地下推出的泥土新旧、堆起的土包大小来判断。如果土新、包大，定是竹鼠的藏穴之地。倘若方圆五六十步内没有出入洞口，就可在土包附近掏土寻踪。竹鼠的穴藏有个规律，最浅不低于一尺，最深不过三五尺。竹鼠的牙齿格外锋利，抓的时候要特别留意，小心被咬伤。"

听完妈妈的介绍，福仔若有所思地挠挠头："原来是这样啊。"

花花见儿子一副似懂非懂的模样，当即决定为他展示独门绝技。竹林里有几个土堆，她这儿瞧瞧，那儿望望，捏起土来细细瞅，俯身将鼻子贴近洞口嗅闻，用耳朵仔细地听。福仔困惑地看着，不知妈妈葫芦里卖的什么药。很快，花花选定了一处洞口，用嘴使劲向里边吹气，同时配合前爪努力拍打。一只胖乎乎的竹鼠正在睡觉，以为发生了地震，在发出一阵仿佛痰喘病人的呼噜声后，不顾一切地冲了出来。这正是花花所盼望的，她迅疾出手，一把抓住，倒提起一只黑褐色、体态像猫、蹄爪酷似小儿手脚的家伙。那家伙不停地挣扎着，嘶叫着，颤抖着。

福仔兴奋地挥舞着前掌："妈妈，你太厉害啦！"花花扭头将吓得昏死过去的竹鼠递给儿子："宝宝，这个活着吃最香……"福仔小心翼翼地接过来，低头思索了一阵，试探着说："妈妈，我还不饿，我……我可以先和他玩玩吗？"花花虽然不解，但想到这是儿子第一次吃肉，便笑着同意了。

福仔顺势将竹鼠放在地上，一阵逗玩，左掌摸摸，右掌拍拍。待竹鼠苏醒，悄悄挪动身体试图溜走时，福仔又一次伸出爪子将他按住。几番折腾，可把福仔累坏了，竹鼠干脆躺在地上装死。

"嗖——"一道黑影闪过，竹鼠不见了，福仔一愣，随即扯起嗓子大哭："妈妈，竹鼠遭抢了。"

花花就在不远处觅食，时时留心着儿子，听到哭声，连忙过来安慰："福仔不哭，妈妈就去要回来……"话没说完，花花就向着竹鼠消失的地方追去。

④

尖尖一直偷偷看着花花母子的一举一动，眼见大姨逮了只竹鼠，又听说肉很鲜美，禁不住嘴里涌出了口水。羚牛尸体他吃过，可那羚牛死去几天了，肉已开始腐烂，吸引着一群苍蝇扑在上边。他挥手左右拍打撵开苍蝇，用门齿撕扯腐肉。虽说有点臭味，可与食竹不同，能补充脂肪呢。鲜肉是何滋味？他从未尝过，更何况是美味的竹鼠。眼瞅着福仔要享受美味，激起了他内心深深的嫉妒。他悄悄靠近，绕开花花，等到只有三米远的时候，他冲了上去，犹如闪电迅捷，叼起竹鼠就跑。

花花很快追上来，冲到前面，拦住了尖尖的去路，猛喝道："站住！"

尖尖只好停下来，低着头，小声说："大姨，是我，尖尖！"

"尖尖？怎么是你？"花花微微皱起眉头，不悦地问，"你为什么要抢福仔的竹鼠？"

"抢？你看到我抢了吗？分明就是表弟没拿稳。"尖尖眼神闪躲，将竹鼠藏于身后。

花花强压着怒火，好声好气地说："福仔还是个孩子，可你呢？你想吃，大可以自己去捉，何必偷偷摸摸……"

眼见大姨的语气有所缓和，尖尖小声嘟囔起来："自己动手多累啊，何况我看表弟也没打算吃，正好我来帮着分享分享。我都没要表弟谢我呢，做个好熊猫可真难呐……"

"你在嘀咕什么呢？快把竹鼠还来，不然我可真要对你不客气了！"看着这个无赖外甥，花花攥紧拳头，又是愤怒，又是痛心，"尖尖你难道忘了丢掉半个耳朵的教训了？"

"半个耳朵？"尖尖不由得伸出左手摸了摸耳朵，一小块没了，那是被黄喉貂咬掉的。他一下子陷入了并不久远的回忆。

尖尖打小就调皮不听话，出生两月时就被黄喉貂咬掉了半个耳朵，要不是妈妈及时赶来，命都没啦。

那天早晨，妈妈给尖尖喂罢奶离开时，把他藏在石洞里，揪些树枝挡在洞口，还在外面撒了一泡尿，再三叮嘱："尖尖，听话，待在窝里不要动，无论发生什么都不要出来，等着妈妈回来喔……"

洞里光线暗淡潮湿，外边阳光很好，吸引着他慢慢溜出来，被守在洞口的黄喉貂咬住了耳朵。

"妈——妈——坏家伙来了，快救救我啊——"他忍住钻心的疼痛，使劲挣扎，拼命呼救。

所幸妈妈就在不远处吃竹子，听到声音，疯狂地扑过来，一掌将黄喉貂掀翻出去。黄喉貂撞在一块石头上，忍着痛跑了。妈妈仔细察看，发现儿子的左耳被咬裂，留下一个豁口，不住地淌血，顾不上责怪，赶紧将他搂在怀里，张开嘴吸吮伤处，安慰道："尖尖，不怕，妈妈给你舔一舔，口水能消炎杀菌呢。以后听妈妈的话不？"

"妈妈，听呢，听呢！"

"真的记住了？"

"嗯，真的！"尖尖使劲点头。

"尖尖，你妈把你宠坏了！你不知道抢食多可怕，要不是遇上我，换作别人，你的小命早都没了。"花花见尖尖一副可怜相，内心顿时柔软下来，"我再给你一次改正的机会，以后千万不敢胡来！听到没？"

"嗯，嗯！"尖尖答应得爽快，他将手里的竹鼠递给花花，随后突然指着花花身后说，"大姨，你看福仔怎么来了？"

花花刚转过头，不觉头上痛了一下，像是被重物砸了，不等她反应过来，尖尖已经消失在密林。

（2024年陕西省优秀科普文学作品成年组二等奖）

鱼刺 可能不会再卡喉咙了

文／马劲（陕西师范大学）

中国人年夜饭的餐桌上，总是会有一道跟鱼有关的美食。这不仅象征着"年年有余"的美好愿望，更因鱼肉中富含优质蛋白、不饱和脂肪酸以及丰富的维生素和矿物质而备受欢迎。《中国居民膳食指南（2022）》推荐，成年人每天鱼、禽、肉、蛋摄入总量 120 g～200 g，其中鱼虾贝类食物推荐每天摄入总量为 40 g～75 g。鱼肉凭借鲜嫩的口感、丰富的营养和美好的寓意博得了人们的青睐。

然而，鱼肉虽然鲜美，却常常伴随着"难吃"的困扰。因为绝大多数鱼肉中夹杂着大量的鱼刺，尤其对于老人和儿童，这往往是美食中的"隐形陷阱"，一不小心便可能引发"如鲠在喉"的危机。据报道，一位 87 岁的老人在吃鱼时不慎被鱼刺卡住，去医院做检查后发现食道已经有穿孔，鱼刺紧邻肺动脉左侧，这对生命已经产生了重大威胁！同样，儿童因为牙齿未发育完全，且自身注意力较差，吃鱼的时候或多或少都会有一些被鱼刺卡住的痛苦经历。

幸运的是，我国科学家经过不懈努力，已经找到了调控鱼刺生长的主效基因（runx2b），并利用基因技术和鱼类精准育种技术，成功培育出了无刺武昌鱼、鲫鱼和草鱼等品种。这些无刺鱼类的出现，让鱼刺不再卡喉咙成为现实！让更多的人能够安心、愉快地享用这一营养丰富的美食。下面便让我们去了解一下吧！

🐟 鱼刺是什么？

　　鱼刺，在生物学上称它为肌间骨（又称肌间刺）。顾名思义，是指夹杂在鱼肌肉间的小骨或小刺。这些肌间骨实际上是由肌隔结缔组织经过骨化形成的，它们隐匿在椎骨两侧的肌间隔之中。根据分布位置的不同，肌间骨分为三类：一是髓弓小骨，从头部后方到尾柄基部连接在髓弓上；二是椎体小骨，靠近脊椎附近；三是脉弓小骨，附着于腹肋或脉弓上。由于鱼的种类及其生存的环境多样性，并不是所有鱼都具有这三种形式的鱼刺。例如鲤科中的裸鲤和鲢鱼便没有椎体小骨，但它们的脉弓小骨和髓弓小骨异常发达。

　　鱼刺形态各异，科学家们曾对鱼刺形态进行深入研究，发现鱼刺竟然呈现有七种独特的形状："I"形、"卜"形、"Y"形、一端多叉形、两端两分叉形、两端多叉形和树枝形。它们就像一根藤上长出了七种不同能力的葫芦娃。不知道你享受美味的鱼肉时，发现过几种鱼刺呢？

　　鱼类的生理结构非常精妙，鱼鳃能让鱼在水中畅快呼吸，鱼鳔能让鱼在水中自由沉浮，而鱼鳞则像一层防护甲，能让鱼避免被水中有害物质感染。那么，鱼刺又扮演着怎样的角色呢？鱼刺，由结缔组织骨化而成，其构造与人类骨骼相似，主要为鱼类的大型侧肌提供坚实的支撑。此外，鱼刺还可以增强鱼身体的灵活性，这就得重点介绍一下鱼刺的"好搭档"——肌腱了。

　　肌腱，是指肌肉末端长长的纤维条索，作为连接肌肉与骨骼的纤维组织，当肌肉收缩时，肌腱负责牵拉骨头实现运动。但肌腱有一个缺点，它具有一定的僵硬度，不易弯曲。这时，鱼刺就发挥了它的神奇作用，它能让肌腱变得相对柔软，从而使肌腱像弹簧一样产生强大的拉伸力，然后赋予鱼类灵活敏捷的运动能力。研究显示：鱼刺越多，鱼的灵活性和跳

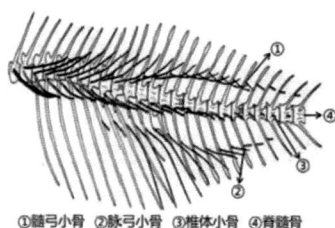

①髓弓小骨 ②脉弓小骨 ③椎体小骨 ④脊髓骨

不同位置鱼刺照片

跃性也越强。例如，鲤科鱼类的鱼刺数量介于 99 ～ 133 根之间，是黄颡鱼的十几倍，这也许是"小鲤鱼跳龙门"这一童话故事背后隐含的科学依据。另外，也有研究发现，肌间刺在一定程度上确实能增强鱼类的力量，但这是否能提高鱼的生存能力，使其更好地适应环境，目前并无统一的说法。

在鱼类的长期进化历程中，随着它们由低级形态向高级形态的演变，出现了一个有趣的现象：绝大多数高等真骨鱼丧失了肌间刺，这种变化并未影响它们的正常生存。此外，肌间刺多存在于人们目前广泛食用的低等真骨鱼中。有学者认为肌间刺是一种痕迹器官，对鱼的生长发育并无太大影响。因此，科学家们找到了控制鱼刺生长的关键基因，利用基因技术和鱼类精准育种技术，大胆培育出无刺武昌鱼、鲫鱼和草鱼等品种，这一成果无疑为鱼类育种领域带来了新的突破！

"拔刺"的艰难之旅

"拔刺"之旅的主要标志性事件

时间	步骤	阶段性成果	重要指标
2012 年	大海捞针	开始致力于无刺鱼的研究	项目启动
2018 年	初具成效	找到控制鱼刺的有效基因	敲除后能减少 70% 鱼刺
2019 年	精益求精	找到鱼刺主效基因 runx2b	敲除后能减少 100% 鱼刺
2021 年	扩大规模	在鳊鱼、草鱼和银鲫身上试验并获得少刺鱼（F_0 代）	少刺鱼生长良好，但遗传稳定性有待提高
2022 年	精准育种	利用 F_0 代少刺鱼繁育出没有肌间刺的武昌鱼(F_1 代)	F1 代完全没有肌间刺并且长势良好
2023 年	无刺异育银鲫诞生	培育出无刺异育银鲫	无刺异育银鲫外观和行动与普通银鲫无差别
2024 年	无刺草鱼诞生	培育出无刺草鱼	无刺草鱼蛋白质、微量元素、类相似

　　没有一项科学研究是可以一蹴而就的，它需要科学家们投入大量的精力和时间。"拔刺"之旅始于 2012 年，至今历经了 12 年的艰辛探索。上表详细记录了"拔刺"过程中的主要标志性事件。

　　在这场"拔刺"的科学征程中，拔刺用的"金刚钻"是基因编辑技术。那么，什么是基因编辑技术呢？基因，是含特定遗传信息的核苷酸序列，是控制生物性状的基本遗传单位。比如你长得高，不仅仅是因为你爱锻炼、摄取营养充分的缘故，还可能是你体内有"长高基因"。基因编辑技术，便是依靠"分子剪刀"——核酸酶，精准地对生物体基因组特定目标基因进行修饰，以获得人们想要的功能和表型。同样，控制鱼刺生长的基因，就像是打开"鱼刺之门"的钥匙。倘若我们通过基因编辑技术，使用这个"金刚钻"，将"鱼刺之门"永远关闭，那么，无刺鱼也就此诞生，这也是未来鱼类育种的新方向。

　　基因不是肉眼可见的。在一条鱼体内，有成千上万个基因，要想找到这个基因，如同大海捞针。科学家最初选择武昌鱼（又叫鳊鱼）为研究对象，耗费大量时间，才筛选出 50 多种可能与控制鱼刺生长有关的基因。为了加速研究进程，他们将 50 多种筛选后的基因放入标准模型斑马鱼中进行了验证。斑马鱼因其繁殖周期短且繁殖能力强，成为了理想的实验对象。功夫不负苦心人，科学家们在 2018 年终于成功找到了一个去除鱼刺的有效基因。但有效的基因并不能完全去除鱼刺，科学家又花费了一年时间，才寻找到了完全能去除鱼刺的主效基因（runx2b）。

众人拾柴火焰高，中国科学家秉持着合作精神，将信息共享，分别在鳊鱼、草鱼和银鲫身上试验，成功培育出第一代杂合体（F0 代）少刺鱼。为了获得遗传性状稳定的纯合体无刺鱼，科学家将成熟的杂合体少刺鱼进行纯化繁殖，经过连续三代的培育，最终得到了遗传性状稳定的纯合体真正无刺鱼（F_2 代）。

为什么一定要培育到第三代，才能获得纯合体鱼呢？这里假设一下，杂合体 F_0 代的无刺基因是 Aa，那么第二代 F_1 代的基因型就可能是 AA、Aa 和 aa。但需要的是 AA 这种遗传性状稳定的纯合体，因为 Aa 的杂合体表现性状虽然也是无刺鱼，不过在下一代培育过程中可能会出现 aa 有刺鱼，这不利于性状稳定遗传，所以科学家就要再培育一代，以确保筛选出遗传稳定的 AA 纯合体无刺鱼，可参见下图。

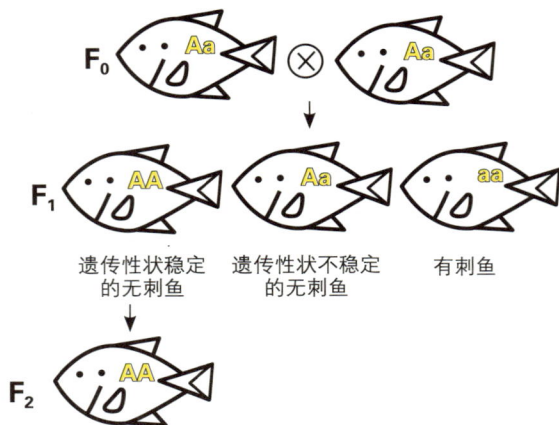

无刺鱼假想杂交简图

2023 年，科学家们又找到了异育银鲫进行关键基因突变的方法，并顺利培育出了无刺异育银鲫。异育银鲫，是银鲫卵子与异源精子人工授精后，所产的雌核发育后代，其不仅具有优秀的杂种优势，还展现出异育银鲫离水存活时间长，可在低温、无水条件下中短途运输等特点。同时，其肉质细嫩，营养丰富，食用前景广阔。然而，银鲫基因编辑过程与二倍体武昌鱼有所不同。由于银鲫是三倍体鱼类，每个部分同源基因都有 3 个序列高度一致的等位基因，这无疑增加了基因编辑的复杂性。只有同时敲除双三倍体银鲫的两个部分同源基因 (Cgrunx2b-A 和 Cgrunx2b-B) 及其所有等位基因，才能培养出没有肌间刺的异育银鲫。这个过程有点像物理上的并联电路，Cgrunx2b-A 和 Cgrunx2b-B 是 2 个并联灯泡，要使整个"电路"失效（即实现无刺），必须同时"破坏"这两个部分，才能达到效果。

🐟 无刺鱼安全吗

关于无刺鱼是否安全这个问题，大家众说纷纭。

世界卫生组织定义转基因生物：遗传物质通过非自然交配和非自然重组的方式发生改变的生物体。根据这一定义，任何通过基因技术改造的生物都是转基因生物。因此，有些人认为无刺鱼使用了基因编辑技术，所以它是转基因生物，他们担忧食用转基因生物，可能对健康造成危害。也有一部分人认为，基因编辑技术是独立于转基因技术之外的生物技术，基因编辑技术是在生物体内原有基因上进行编辑，并没有引入外来基因，而转基因技术主要是在原有生物基因上引入外来基因，所以严格意义上来说基因编辑技术并不是转基因技术。

在环境等因素的影响下，生物本身也会发生基因突变。世界贸易组织（WTO）2018 年发布的《关于精准生物技术在农业领域应用的国际声明》中提到："尽量减少与精准生物技术产品的监管有关的不必要的贸易壁垒。"有部分西方国家已经将基因编辑技术确定为非转基因植物育种技术，并且未将通过基因编辑技术开发的作物纳入转基因法规监管范围。但在我国，目前法律法规对于基因编辑技术制造的生物，并没有明确的规定。无刺鱼究竟是否属于转基因生物，以及它的安全性问题，目前尚无定论。

后来，科学家们对无刺斑马鱼的肉质进行了详尽的分析，测定了其中的氨基酸、脂肪酸含量，发现和有刺鱼无显著差异，并且无刺鱼生长状况良好，其肌肉发育和骨骼发育正常，甚至在生活习性方面和普通有刺鱼也没有差异。2024 年 3 月，无刺草鱼被成功培育。经过严格检测，无刺草鱼蛋白质、微量元素和氨基酸含量与正常鱼类相似。有志愿者在品尝了无刺草鱼后，发现其口感比起有刺草鱼更加鲜嫩！

针对无刺鱼是否是转基因生物，是否会对原有物种产生生物威胁，是否可以流入市场等问题，我国的质监部门会对其进行严格的试验性评估，涵盖生长指标、肌肉品质等多个方面，从而为这些问题提供明确的答案。

无刺鱼的诞生，不仅是基因编

辑技术的创新应用，更是人类智慧对自然界的精妙改造。倘若无刺鱼真的能实现大规模养殖，并且通过国家安全检测，那么无刺鱼从实验室游向人们的餐桌，就是给老人和儿童的福利。这不仅是我国科技实力的展现，更是对全球淡水鱼产业和家庭饮食结构的一次重要升级换代。从此，我们会告别被鱼刺卡喉咙的困扰，迈向一个更加安全、健康的饮食新纪元。

（2024 年陕西省优秀科普文学作品成年组二等奖）

星辰之梦：飞向天宫（节选）

文 / 尼涛（陕西工业职业技术学院）

仰往星空

周末的夜晚，刘宇杰站在学校天文俱乐部的观星台上，他的目光穿过望远镜的镜头，被那片璀璨的星空深深吸引。每一颗星星都像是在诉说着遥远宇宙的秘密，它们似乎在向他招手，邀请他去探索那未知的领域。

刘宇杰和同学们围坐在观星台上，聆听李老师介绍星座和星系。随着李老师手中的激光笔在星空中划过，大家眼前出现了一个个星座的形状。

"看，那是猎户座，它的腰带由三颗平行排列的亮星组成，非常容易辨认。"李老师的声音在宁静的夜晚中回荡。

刘宇杰调整着望远镜，按照李老师的指点，观察着那些古老的星座。每当他看到一颗星星，心中就多了一份对宇宙的好奇和向往。

李老师微笑着说："宇宙是如此广阔，我们所知的只是冰山一角。"

刘宇杰的眼睛里闪烁着对知识的渴望，他急切地问："李老师，宇宙到底有多大？"

李老师望着星空，缓缓地说："目前的科学认为，可观测宇宙的直径大约为 930 亿光年。而宇宙的真实大小，可能远远超出我们的理解。"

随着夜深，其他同学逐渐散去，只剩下刘宇杰和李老师。李老师注意到刘宇杰的专注和热情，便与他分享了更多关于宇宙的奥秘。

"你知道黑洞吗？" 李老师问道。

刘宇杰摇了摇头，满脸好奇。

"黑洞是宇宙中最奇异的天体之一。它们的引力非常强，以至于光都无法逃逸。"李老师边说边双手比画着，仿佛要捕捉那些看不见的黑洞。

刘宇杰听得入迷，他的心中充满了对这些宇宙的好奇与渴望。

李老师继续介绍："黑洞的形成通常与恒星的死亡有关。当一个足够大的恒星耗尽其核燃料时，可能会发生坍缩，最终形成一个黑洞。在黑洞的边缘，也就是事件视界，任何物质和辐射，包括光，都无法逃逸。"

刘宇杰想象着黑洞的样子，问道："那我们怎么知道黑洞的存在呢？"

李老师说："虽然我们不能直接观测到黑洞，但可以通过它们对周围物质的影响来间接探测。比如，当物质被吸入黑洞时，会加热并发出射线，这就是我们探测黑洞的线索之一。"

接着，李老师的话题转向了更加神秘的暗物质。

"除了黑洞，宇宙中还有我们看不见的暗物质和暗能量，它们构成了宇宙的大部分，影响着宇宙的结构和膨胀。"李老师的声音带着一丝神秘。

刘宇杰的好奇心被彻底点燃了："暗物质？ 那是什么？我们为什么看不见它？"

李老师解释道："暗物质是一种我们尚未直接探测到的物质，它不发光，也不与光相互作用，因此我们看不见它。但是，通过它对可见物质的引力效应，我们可以推断它的存在。比如，星系的旋转速度比我们预期的要快，这表明有额外的质量在影响它们，那就是暗物质。"李老师继续说，"至于暗能量，它是一种充满宇宙空间的能量，它推动着宇宙加速膨胀。

虽然我们对暗物质和暗能量的了解还非常有限，但它们是现代物理学中的重要课题，也是未来探索的重要方向。"

李老师离开后，刘宇杰独自站在天文俱乐部的门口，仰望着星空。在他的脑海中，李老师的声音回响着："宇宙等待着我们去探索、去发现，每一代人都有自己的星辰大海。"忽然间，他的心中萌生了一个想法："我要成为一名宇航员，亲手去触摸那些星星。"

第二天，刘宇杰找到李老师，问道："李老师，我想了解成为宇航员需要做什么。"

李老师看着他，微笑着说："宇航员可以说是万里挑一，想要成为宇航员，不仅需要优秀的身体素质，扎实的科学知识，还需要坚韧不拔的精神。你需要努力学习，不断提高自己，向着这个目标一直前进。或许未来的某一天，你会实现自己的梦想，亲手去触摸那些星星。"

随着时间的流逝，刘宇杰在学习和探索中不断成长。他参加了学校的科学竞赛，获得了优异的成绩。他阅读了大量的关于宇宙的书籍，还与李老师讨论各种科学问题。每当夜晚来临，他都会仰望星空，思考着那些关于黑洞、暗物质和暗能量的神秘问题。他知道，这些未知的领域等待着他去探索，去发现。

在李老师的教导下，刘宇杰开始了解宇航员的日常训练，包括超重耐力训练、中性浮力水槽训练、心理训练等。他意识到，成为一名宇航员不仅需要梦想，更需要实际的行动和努力。

终于，刘宇杰收到了北京航空航天大学的录取通知书。握着通知书，他心中充满了激动和期待。夜晚，他久久凝视着那片曾经给予他无限梦想的星空，转身回屋，步伐逐渐坚定，仿佛走向了他的星辰大海。

• • • • 选拔之路 • • • •

大学的生活是丰富而精彩的，

但刘宇杰总是忘不了那个星空下的夜晚。春去秋来，他不仅以优异的成绩完成了本科学业，还继续深造，成为了一名博士研究生。他选择了航空航天工程领域的研究，渴望将理论知识与实践相结合，为国家的航天事业贡献自己的力量。

一天，刘宇杰在图书馆翻阅资料时，一则新闻吸引了他的目光——国家将在高校选拔航天员，执行未来的太空任务。他的眼睛瞬间亮了起来，心中的那颗种子仿佛在这一刻破土而出，向着阳光伸展。他毫不犹豫，用最快的速度登录到了报名网站，郑重地填写了自己的报名信息。

几个月后的一天早晨，晨光熹微，刘宇杰站在训练中心的操场上，深吸一口清新的空气。这天，他将和来自全国各地的候选人一起，参加航天员的选拔。训练场上已经聚集了一群怀揣梦想的年轻人。他们中的许多人都是第一次见面，大家彼此好奇地打量着，互相致意。刘宇杰的心跳有些加快，手心微微出汗，因为他知道，这将是一次对身体和精神的极限挑战。

考官站在队伍前方，他的身影如同一棵挺拔的松树，岁月在他刚毅的脸上刻下了痕迹，却也赋予了他不可动摇的威严。他的目光锐利，仿佛能洞察每个候选人的内心。

"在这里，每一滴汗水都将铸就你们的未来。"考官的声音在训练场上回荡，"体能是航天员最基本的素质，只有超越极限，你们才能接近星辰。"

体能测试的第一项是跑步，候选人需要在规定时间内完成五公里的长跑。哨声响起，刘宇杰迈开步伐，全力以赴地向前奔跑。他感到身边的气流快速移动，注意到其他候选人也在奋力冲刺。

在跑步过程中，刘宇杰的目光被一个身形纤巧、动作轻盈的女生所吸引。那是朱琳。她的动作协调而优雅，每一次落地都显得轻巧和有节奏。同样，一个步伐坚定有力的男生也引起了他的注意。那是宁浩，一名空军飞行员。

跑步结束后，紧接着是游泳测试。候选人需要在泳池中连续游完一千米。刘宇杰跃入水中，他的动作强劲有力。在他旁边的泳道，朱琳同样展现出了她的游泳技巧，每一次划水都精准而有效。

"游泳不仅考验你们的体力，还考验你们的耐力和协调性。"考官在泳池边说道，"在太空中，良好的协调性对于执行各种任务至关重要。"

力量训练是体能测试的最后一项。刘宇杰选择了哑铃，在他旁边的朱琳选择了瑜伽。宁浩则在进行引体向上，他的手臂肌肉线条分明，每一次拉起都显得游刃有余。

测试结束后，刘宇杰、朱琳和宁浩在休息区互相分享了考核过程中的感受和对未来的期待。

体能测试之后，是更为微妙的心理测试。候选人被引导至一个个隔音的房间，面对着电脑屏幕，准备开始下一轮的挑战。考官在开始前讲解："在太空中，你们将面临极端的环境和压力。心理测试是为了评估你们在压力下的心理承受能力和应变能力。在太空中，航天员常常需要在资源有限的情况下，快速做出决策。这不仅考验你们的知识水平，更考验你们的心理稳定性。"

刘宇杰坐在电脑前，进行深呼吸，试图平复紧张的心情。测试开始，屏幕上出现了各种模拟的太空紧急状况，他的每一个决策都可能影响到整个任务的成败。其中一个环节是模拟与地面控制中心失去联系的情景。刘宇杰必须依靠自己的判断来决定下一步的行动。他深知，在真正的太空任务中，这种独立性是生存和成功的关键。他想象自己真正处于太空中，与世隔绝，所有的支持都消失了。他的内心开始波动，但他知道，这是他必须克服的心理问题。他深吸一口气，回想起自己要成为航天员的初衷——对未知的探索，对梦想的追求。他闭上眼睛，想象自己正漂浮在宁静的太空中，星辰在他周围闪烁。他的内心逐渐平静下来，开始有条不紊地执行应急程序。最终，模拟危机被成功解决，刘宇杰靠在椅背上，感到一种满足和自豪。他不仅通过了心理测试，更重要的是，他证明了自己有能力面对未来的挑战。

下一个环节是科学知识测试，检验候选人对航天领域相关科学知识的掌握程度。

"航天员是探索宇宙的先锋，你们需要具备坚实的科学基础。今天的测试将涵盖物理、化学、生物学、天文学以及航天工程等领域。"

考试开始，刘宇杰迅速浏览试卷，题目涉及广泛的知识点，从牛顿运动定律到量子物理，从化学反应原理到生物实验操作，再到天体物理学和航天器设计原理。他深吸一口气，开始认真作答。他很自信，这是他的强项。

接着是模拟飞行训练环节，考官的声音在训练室内响起："模拟飞行训练将测试你们的操作技能和反应能力。在太空中，航天器的操作需要极高的精确度和稳定性。模拟器将帮

助你们适应这种操作，并学习如何在复杂环境中快速做出反应。"

刘宇杰坐进模拟器，双手触摸着操纵杆，感受着指尖传来的金属感。模拟器启动，屏幕上的虚拟环境瞬间将他带入了一个高速飞行的场景。他必须控制航天器穿越障碍，同时保持稳定的姿态和速度。在紧张的考核结束后，刘宇杰走出模拟器，他的心跳依然快速，但眼中闪烁着兴奋的光芒。他找到了朱琳和宁浩，三人聚在一起交流刚才的训练体验。

"刚才的模拟飞行真是太刺激了，我从没有这样的体验。"刘宇杰激动地说。

朱琳微笑着回应："作为运输机飞行员，我有过一些飞行经验，但太空飞行的模拟还是让我感到新奇。"

宁浩则点头表示同意："战斗机飞行员的训练让我习惯了高速和机动，但太空环境的模拟确实与众不同。在太空中，没有空气阻力，航天器的机动完全依赖于动量守恒。这与大气中的飞行有很大的不同。"

通过交流，刘宇杰了解到朱琳

和宁浩都是经验丰富的飞行员，他们对飞行的理解和
经验让他受益匪浅。三人分享着各自的见解和感受，彼此
之间的了解在不知不觉中加深了。

　　两周后的一个清晨，刘宇杰收到了录取通知，他立即和宁浩、朱琳联系，
当得知他们也成功通过选拔，大家都很高兴。他们找了个地方小聚了一次，
大家举杯庆贺，相约一起飞向太空，共同探索宇宙奥秘。

•••• 星辰训练场 ••••

　　岁月如梭，自从刘宇杰、宁浩和朱琳成为预备航天员以来，他们便投入
到紧张而充实的训练中。几年的训练生活，不仅锻炼了他们的身体和技能，
更让他们结下了深厚的友谊。

　　训练中心的一角，刘宇杰、宁浩和朱琳坐在休息区，他们刚刚结束了一
次超重训练，身体上的疲惫掩盖不住内心的兴奋。

　　刘宇杰打开了话题："你们还记得我们第一次上超重训练机的时候吗？
那种压力，真是让人难以忘怀。"

　　宁浩点头："是啊，那种感觉就像是有一头大象坐在你胸口上。我记得
教官说过，训练机的加速度可以达到 $+8g$，模拟起飞和着陆时的重力负荷。"

　　刘宇杰吐了口气："我一开始真的很不适应。那种压力让我几乎喘不过
气来，而且还要我们完成各种操作任务，真是挑战极限。"

　　朱琳笑了笑说："但我们都做到了，不是吗？我们学会了如何在那种极
端条件下保持冷静，继续完成任务。"她继续说，"超重训练机其实是一种
特殊的离心机，它可以旋转并产生强大的离心力，模拟起飞过程中的加速度。
这种训练对我们的心血管系统是一次严峻的考验。我们的心脏必须在高重力

加速度下工作，以保持血液循环。因为在高重力加速度环境下，血液会因为重力作用向身体下方集中，导致大脑供血不足，这就是为什么我们会感到头晕和呼吸困难。"

宁浩回忆道："我还记得，训练机的座舱内部设计得非常人性化。虽然空间狭小，但是所有的控制按钮和仪表都触手可及，让我们在承受重力的同时，还能准确地操作。座舱的视窗设计也很巧妙，让我们在训练的同时，还能看到外面的情况，这在一定程度上缓解了我们的心理压力。"

刘宇杰感慨地说："确实，每次训练结束，当训练机缓缓停止旋转，那种从重压中解脱出来的感觉，真是无法用言语表达。那种重获自由的感觉，让我更加珍惜在太空中失重的状态。"

朱琳点头同意，微笑着说："我们的经历，让我们更加理解了宇航员的不易。每一次升空，都是对身体和意志的极限挑战。"她又怀念地回忆起了中性浮力水槽的训练，那个巨大的水槽，给她留下深刻印象。

宁浩仿佛也回到了那个让他既兴奋又紧张的时刻："我记得感觉自己就像是一条鱼，突然间就获得了在水中自由游动的能力。但同时又得控制动作，以免偏离方向。"

朱琳点头，她的眼神中透露出了敬畏："那个水槽真的很大，水下能见度也很高。我记得教官说它是世界上最大的室内水池之一，足以模拟太空中的失重环境。"

刘宇杰补充说："是的，水槽的构造非常特别。它的水深和宽度都是为了让我们能够进行各种太空任务的模拟，比如太空行走、设备维修等。而且水下还有各种模拟设备和障碍物，我们必须要学会在失重状态下准确地移动和操作。"

朱琳回忆道："我一开始总是控制不好自己的动作，经常不小心就撞到水槽的墙壁或者模拟设备。但教官很耐心，一遍又一遍地指导我们。在失重状态下，动作和在地面时完全不同，我们必须要学会用腰部和腿部的力量来控制移动方向，而不是依赖手臂，而且还得穿着特制的潜水服，模拟太空服的重量和限制，这让我们更加真实地体验到在太空行走的感觉。"

宁浩则描述了自己的感受："我最喜欢的部分是在水下进行团队协作任务。我们必须精确地协调每一个动作，确保任务的顺利完成。那一次我们模拟在太空中组装设备，我负责固定设备，朱琳负责连接电缆，而刘宇杰负责监控整个过程。那次任务我们完成得非常完美。"

刘宇杰感慨地说："那些经历教会了我们如何在团队中相互信任和依靠。在太空中，我们的生命掌握在自己手中，也掌握在队友手中。这些训练不仅仅是为了让我们掌握技能，更是为了让我们学会如何在太空中生存和工作。中性浮力水槽给了我们一个宝贵的机会，让我们在安全的环境中体验失重，学习如何在太空中行动。这些经历对我们来说都是无价的。"

下午的训练科目是生存技能训练。张伟国教官站在模拟太空舱的控制台前："在太空中，你们必须学会如何在一个封闭的环境中生存。这包括食物的准备、废物的处理、氧气循环设备的使用，以及一些紧急医疗技能。"

刘宇杰正在模拟厨房区域忙碌，他仔细地操作着特殊的太空食品包装，神情专注。他心里明白，这些看似简单的动作，在太空中可能会变得异常复杂。

宁浩在检查氧气循环设备，他的动作精准而有力。在太空中，氧气循环设备不仅关乎生命，也是维持舱内环境平衡的关键。

朱琳正在模拟废物处理单元前操作，她的眉头微蹙，小心翼翼地将废物进行分类，确保每一项废物都能得到正确的处理和回收。

张伟国教官继续指导："废物处理不仅是为了卫生，更是为了资源的循环利用。在太空中，水的循环尤为重要，你们必须学会从各种来源回收水分。"

刘宇杰点头，他正在学习如何使用模拟的废物处理系统将固体废物转化为可再利用的资源。他的动作逐渐变得熟练和自信，显示出他对这项技能的掌握。

宁浩提出了自己的疑问："教官，如果遇到紧急情况，比如太空服泄漏，我们应该如何应对？"

张伟国教官认真地回答："在太空中，任何小问题都可能变成大问题。如果太空服发生泄漏，你们必须迅速采取措施隔离泄漏源，并使用紧急修补工具进行修复。同时，保持冷静，及时与团队沟通，这是生存的关键！还有，你们还需要学会如何在紧急情况下进行自救和互救。太空环境充满未知，你们必须随时准备应对各种突发状况。"

宁浩深吸一口气，他的眼神中闪烁着坚定的光芒："我明白了，教官。这些技能是我们在太空中生存的基础，我会努力掌握它们。"

像这样的训练，刘宇杰、宁浩和朱琳在航天训练中心经历了无数次。几年来，他们经历了从青涩到成熟的蜕变，从对太空的无限憧憬到对航天任务的深刻理解。

后来，刘宇杰、宁浩和朱琳凭借出色的表现，入选了神舟飞行乘组。他们将作为一支团队，乘坐神舟飞船前往天宫空间站执行任务。

（2024年陕西省优秀科普文学作品成年组二等奖）

西游 2024 之 服装智能制造

文 / 吴博（陕西服装工程学院）

【月光洒满窗台】

床上的阿福盖着印有太空飞船图案的被子，正在呼呼大睡。

屋子里除了阿福的呼噜声，就是墙上钟表秒针走动发出的滴答声。

【秒针走动的声音渐强】

滴答、滴答、滴答……

阿福翻了一个身，继续睡。

【秒针走动的声音欲强】

滴答、滴答、滴答……

【秒针走动的声音越来越强，当时针、分针、秒针都指向 12 点，滴答声到达最响，随后戛然而止。停顿。《云宫迅音》的音乐声响起，窗前、桌子前泛起白雾，舞台灯光照射出人物剪影，师徒四人从白雾中走出来，亮相。雾气消散】

八　戒：我说师父，大晚上的不睡觉，咱们来这儿干啥呀？

沙　僧：是啊，咱们不在天庭，怎么又跑回长安了？

悟　空：呆子！成了佛你还一天到晚睡睡睡，你和猪有什么两样？【揪着八戒耳朵】

八　戒：哎哟哟哟……猴哥儿，你轻点，我老猪的耳朵要掉了。

悟　空：八戒，你要这耳朵有何用？没听师父说吗？咱们要重走西游之路。

八　戒：啊？师父是不是老糊涂了，咱们不是已经取到了真经，如来佛祖也给咱们封了神了吗？咱们不当神仙在天上好好待着，下来人间这不是瞎胡闹吗？

沙　僧：是啊，大师兄。这又是为什么呢？

八　戒：哎，沙师弟，我看呐，这次你们陪师父去。我呀，我就不费这劲了。反正已经下凡了，我老猪还是顺便去高老庄瞧瞧。【说完要走】

唐　僧：八戒。

悟　空：呆子！【提溜着八戒的脖子拽了回来】师父，依俺老孙看，这次西去呀，麻烦您问观世音菩萨再借一回那个紧箍，戴在这个猪头上。他要是不听话，您就念那个紧箍咒。哈哈哈。

八　戒：哎哟，猴哥儿，你行行好，你饶了我吧。那玩意儿我可不戴，师父当年念起咒语来可把你疼得用脑袋撞石头。我老猪可没有你这铜头铁臂，我不戴，我不戴。

悟　空：你戴上吧，啊，戴上，戴上啊。

八　戒：我不要，我不要！

【悟空在屋子里戏弄八戒】

【阿福翻身】

阿　福：是谁？什么声音？

八　戒：是我，是我老猪啊！

阿　福：【惊】猪啊！啊……

悟　空：别怕，别怕！小孩儿，小孩儿，俺是齐天大圣啊！啊，哈哈……

阿　福：【惊】齐天大圣！啊！啊……

唐　僧：悟空，八戒。你们相貌丑陋，吓着施主了。还是让为师来吧。

阿　福：【惊】唐僧？您是唐僧？西游记里面的唐三藏？

唐　僧：施主，正是贫僧，半夜来访，多有打扰，阿弥陀佛。

沙　僧：小施主，还请多多担待。

阿　福：【惊魂未定】你们，你们怎么会在我的房间？

唐　僧：施主，施主莫怕。我等西去途中，路过此地，有一事相求。

阿　福：西去？去西天取经吗？故事最后你们不是经历了九九八十一难，在大雷音寺取到了真经吗？西游记不是已经大结局了，怎么又要去啊？【疑惑】

八　戒：我说吧，师父，这事都结束了，咱们还费这劲要再去，干吗呀？

悟　空：呆子！你知道什么！听师父说。

沙　僧：大师兄说得对。

唐　僧：施主所言不假。我等的确功德圆满，修成正果。如今的长安盛世祥和，物产丰富，人人安居乐业。我想再次启程重走当年的取经之路，一来是探望沿路的老朋友，叙叙旧；二来是将长安的物产带给这一路沿线的居民。

　八　戒：师父，您该不会是想去女儿国了吧？

　悟　空：八戒，我看你是想戴那紧箍了吧？

　阿　福：那为什么要找我啊？我能做什么呢？

　唐　僧：是观世音大士指点迷津，说长安城内有一个励志做服装设计师的小施主，定能助我一臂之力。

　阿　福：嗯嗯，我的志向就是要做一个优秀的服装设计师。我参加过少儿服装设计大赛，我为航天员设计的宇航服被选为最有创意的作品。师父，您看。

　【指着墙上的宇航服设计图和获奖证书】

　唐　僧：有劳施主了。悟空，你看。【唐僧拿着设计图和获奖证书】这身衣服多好，多精致。这比为师当年为你缝制的虎皮裙可好看多了。

　悟　空：是啊，师父。俺老孙虽说能上天入地，一个跟头十万八千里。可还未曾去过外太空。要是穿上这身，俺就是太空大圣啦，哈哈！

　【众人笑】

　阿　福：唐师父，我能为你们再次西行做点什么呢？

　唐　僧：上次西去，路途险恶，苦难重重。承蒙菩萨恩典，赏赐我锦襕袈裟，可是我的徒弟们在取经路上却没有几件像样的衣服，这是我心中的一个遗憾。所以此次西行，想让你给我的徒弟们设计几件衣服，让西游路上的朋友们看看我们长安的服装之美。

　阿　福：那您找对人了！我来给几位设计吧！我要让你们在西游路上既展现咱们中华传统服饰之美，也展现咱们现代科技之美！

【师徒四人惊讶】

沙　僧：科技之美！

八　戒：什么美？

悟　空：师父，科技美？

唐　僧：善哉，善哉。

【阿福起身下床，蹦蹦跳跳来到电脑桌前，跳上椅子，打开设计软件】

阿　福：各位请看。这是 AI 服装设计系统，人工智能会协助我高效完成服装设计，用最精确的数据，保证设计出来的衣服能够准确还原设计师的意图。

悟　空：AI，人工智能，这是何方神圣？

阿　福：大圣，您有所不知。AI 就是 Artificial Intelligence，也就是我们说的人工智能。人工智能是用计算机来模拟人的某些思维过程和智能行为，例如学习、推理、思考、规划等，就是用计算机实现智能，制造类似于人脑智能的一类科学。

八　戒：哦。

沙　僧：二师兄，你哦，你是听懂了吗？

八　戒：我不懂就不能哦吗？

阿　福：沙僧，我先给您设计衣服。【指着墙角的一个柜子形状的设备】您看，这个是 3D 人体测量仪。

阿　福：这是我自己做的一个人体数据采集器。它基于 16 个生物仿生摄像头和传感器，在立体空间环境采集人体身高、体型、臂长、身长、头围、腰围、臀围等各项数据。不需要脱去衣服，也不需要皮尺，更不需要裁缝，就可以精准地获得被测量者的体貌数据。

这些数据汇总到电脑里，就会产生被测量者的三维人体模型，这个模型将用于下一步的服装设计。

【师徒四人惊讶】

唐　僧：悟净，你先去。

沙　僧：好的，师父。

【沙僧走进测量仪，仪器启动，众人看电脑屏幕】

阿　福：唐师父，请看。这是沙僧的人体模型。基于这个模型，我觉得可以这样设计服装。我将机械外骨骼与纺织面料有机融合，在新型织物面料中加入一种由钢铁框架构成并且可让人穿上身的机器装置。这个装置可以提供额外能量来协助四肢运动，我称之为"动力服装 PS（Power Suit）"。凭借这套"服装"，沙僧就可以在毫不费力的情况下挑着重物，这样即便走再远，也不会觉得累。

【舞台后面逆光亮起，激昂的音乐响起，模特展示动力服装】

阿　福：这件衣服的面料不但防水，而且透气。整体按照中国传统服装进行设计。同时，衣服面料内部置入了微型处理芯片，可以感知人体生物信号，它能将穿着者的肌电信号 EMG、眼电信号 EOG、皮肤电信号 GSR、脑电信号 EEG、脑磁信号 MEG 等传递给中央处理器，实现人机交互。再通过"激光＋超声感知"对外界环境作出判断，通过算法计算所有电机下一步的自动运行策略。最后在实现物理运动的同时不断优化调整，实时判断目标行为的达成度，最终实现智能服装辅助沙僧行动的目的。有了这套衣服，负重行走一点也不累啦。

八　戒：哎哟，沙师弟，这个可真高级啊！你这下可以高枕无忧了。

沙　僧：二师兄说得对。啊哈哈！

悟　空：哈哈，不赖，不赖！小孩儿，你真行！

唐　僧：善哉，善哉。阿弥陀佛！

八　戒：不行，我老猪也要一套。

【八戒赶紧跑进测量仪】

阿　福：好嘞，已获取八戒的数据。八戒的体型严重偏胖，要减肥啦。您这么胖，在途经火焰山的时候一定酷热难耐吧。这样，我给您设计一套纳米智能温控服装。

【舞台后面逆光亮起，《猪八戒背媳妇》的音乐响起，模特展示纳米智能温控服装】

阿　福：这套服装基于纳米材料打造而成，它的面料由外向内包括外层、隔热防潮层、第一阻燃绝缘层、导电丝面料层、第二阻燃绝缘层和内层。外层与内层间安装电源、温控器和微型空调。

悟　空：微型空调？

阿　福：是的，微型空调的原理就是在衣服本体内植入一个微型的制冷装置，这个装置连接着一根轻质柔性软管，软管缠绕在衣服上，制冷装置制造的冷空气则会通过软管输送到衣服内。着装者还可以根据自身需求来调节温度。这样的话，八戒就不怕热啦。而且呀，再也不用露出个大肚皮啦。

八　戒：这个好！我老猪喜欢！

阿　福：别急，还有呢，这件衣服还运用了相变储能材料。

三徒弟：相变储能材料？

阿　福：相变储能材料就是利用物质在特定温度下发生物理相态变化来实现能量储存和释放材料的。用相变储能材料做成的衣服也叫作相变服。有这件衣服，八戒在火焰山就不怕炎热，在冬天也不怕寒冷，时刻都能调节适宜的温度。

八　戒：哎哟，师父，我老猪有福啦。哈哈，师父，有这件衣服我就什么都不用担心啦。

悟 空： 八戒，八戒，喜欢吗？

八 戒： 猴哥儿，我可太喜欢了。我老猪也穿上了这么高科技的衣服。关键你看，还是唐装的样式！别说，这颜色跟我老猪的肤色还挺搭配的。

【八戒拉着衣服比划。众人笑】

悟 空： 好看，好看。小孩儿，俺老孙的衣服是什么样子？

阿 福： 大圣请测量。

【悟空前去测量】

阿 福： 大圣在西去取经的路上斩妖除魔，一路披荆斩棘。为了能够保护好唐师父，立下汗马功劳。所以，我给大圣设计了这套智能纤维披风斗篷套装。

【舞台后面逆光亮起，《小刀会序曲》的音乐响起。舞台上空飘下一面红绸巨幅，数十位身着戏曲服装、手持彩旗的猴戏演员上场。模特展示智能纤维披风斗篷套装】

阿 福： 这件披风斗篷套装专为齐天大圣设计，有助于提高作战时的准确性。

悟 空： 俺老孙的战袍！【手指斗篷，火眼金睛不停眨，手在胸前抓挠】

阿 福： 这件斗篷可不一般，它采用了新型智能纤维作为基础面料。面料内置的微型芯片可对周围环境进行探测，并对获取的信息进行梳理，生成用于支持大圣作战行动的情报。由于采用人工智能等新技术，这种智能纤维还能在战场形势急剧变化时发出警报，并对变化后的战场环境进行探测、分析并上传结果，准确率高达97%。

悟 空： 甚好！甚好！

阿 福： 我以智能纤维为基础设计制造出内置微处理器的智能存储单元，

可接收和转发数据与信息。大圣请看，斗篷的绑带就是可穿戴型智能设备，可与八戒和沙僧的服装进行远距离无线连接，及时传递位置信息和作战情报，提高了协同作战和情报传递的隐秘性。

三徒弟：太好了！

阿　福：唐师父，您的徒弟都有了新的衣服。我也给您设计一套吧。

唐　僧：阿弥陀佛。出家人朴素为怀，还是不要了吧。

三徒弟：师父！

阿　福：师父您看这件红外－折射纳米科技隐身袈裟如何？

师徒们：隐身袈裟！

阿　福：西去途中定有妖魔鬼怪，如果将唐师父隐藏起来，那些妖怪就找不到他啦。所以，我就设计了一件可以隐身的袈裟。各位请看。

【舞台后面逆光亮起，《看我跃马扬鞭》的音乐响起。全息投影技术在舞台上呈现出经文图案，数十位身着僧袍服装，手持佛珠、木鱼的演员上场。模特展示红外－折射纳米科技隐身袈裟】

阿　福：首先，这件袈裟采用了一种红外隐身布料，将多个碳纳米管和多个碳颗粒制备成网络状结构，即红外光吸收体，并将红外光吸收体编织到布料的衬底。因为红外辐射是波长介于可见光与微波之间的电磁波，肉眼察觉不到。所以红外隐身技术就是通过降低目标物体的红外辐射特性来达到在复杂环境中隐身的目的，从而使妖怪的探测系统难以发现唐师父的踪迹。如果再将碳纳米管和碳颗粒制备在溶剂中形成光吸收体预制液，用喷枪喷射这种光吸收体预制液，便可以在衣服表面形成能够吸收红外光的光吸收体，这种类型的红外光吸收体不仅具有高达99.9%吸收率，而且具有全向吸收性能，从而使得红外隐身布料及红外隐身袈裟具有极高的隐身效果。

悟　空：师父，有了这件袈裟，您和俺老孙一样，也会"法术"啦！

阿　福：除了采用红外隐身技术，它还利用光学折射率隐身。如果一件衣服面料的折射率和空气的折射率一致，就可以在自然环境中自由隐身。高硼硅玻璃和甘油的折射率相近，所以我把高硼硅玻璃材质的物体置于甘油中，从而提升了衣服的隐身性能。

八　戒：是啊，师父，这样妖怪就看不见您了。

沙　僧：是啊，师父。

阿　福：这件袈裟还有另外一个功能。

唐　僧：哦？

阿　福：这件袈裟在具有隐身特性的同时还具有柔性显示功能。在袈裟上有九九八十一块柔性显示屏，每一块屏幕都会动态展现长安一景。

【全息投影在舞台上展现西安市美景画卷。《五百年桑田沧海》的音乐响起】

悟　空：哈哈，师父。这衣服让妖怪看不见，而朋友们能看见。这一路上可以给大家讲述新长安的故事啊！

唐　僧：妙哉妙哉！正合贫僧的心意！小施主，阿弥陀佛！

阿　福：嘿嘿，不知道大家喜欢阿福设计的服装吗？

沙　僧：你可真了不起！

八　戒：喜欢，喜欢。我老猪喜欢。

悟　空：英雄出少年啊！

唐　僧：善哉，善哉。我长安果然人杰地灵，英才辈出啊！施主，请受贫僧一拜。

阿　福：哎，别啊，我可不是什么英雄，我就是喜欢设计服装。嘿嘿嘿，你们不远万里，克服千难万险也要去取经，这种精神值得我学习，你们才是英雄！对了，唐师父，咱们中国是文明古国，是礼仪之邦，崇尚和平发展和睦邻友好。既然你们师徒四人再次启程去往西方，我再设计一些伴手礼吧，你们拿去送给沿路国家的友人们，让更多的人了解和认识我们长安，喜欢上中华文化。

　　唐　僧：有劳施主，贫僧感激不尽！阿弥陀佛。

　　阿　福：这是一款丝巾，一面绣有长安的名胜古迹、诗词歌赋，另一面绣着神舟飞船、火箭、高铁、国产大飞机！

　　【师徒与阿福一起向台下扔丝巾】

　　唐　僧：徒弟们，穿上科技服装，出发！

　　【《敢问路在何方》的音乐响起。数十位身着戏曲服装的演员用力挥舞彩旗】

（2024年陕西省优秀科普文学作品成年组二等奖）

银屑病患者的康复调理

文／闫小宁（陕西省中医医院皮肤科）

银屑病，传统医学称为"松皮癣"，形象地揭示了该病的形态特征、难治性及顽固性。

2012 年，北京大学皮肤性病防治中心主任朱学骏教授在世界银屑病日的新闻发布会上称，中国约有 600 万银屑病患者。实际上，由于我国部分地区信息闭塞或者经济条件限制等原因，使得相当数量的银屑病患者未能纳入统计，故中国的银屑病患者远不止该数量。

有调查研究显示，89% 的银屑病患者从未接触过相关的科普知识；65.7% 曾接受过"游医"治疗；58.6% 并不了解银屑病；仅有 8.6% 曾向医生咨询。银屑病患者应如何判定自己的治疗效果，又如何在日常生活中做好康复调理呢？接下来我们逐一进行讨论。

银屑病患者的疗效自测

银屑病的治疗相当复杂，目前仍是国内外皮肤科重点研究病种之一，无论中医、西医均在治疗方面取得相当程度的进展。那么，如何判定这些方法或者药物的治疗效果？目前，皮肤科医师主要以治疗前后 PASI 评分（psoriasis area and severity index， 银屑病面积和严重程度指数）的变化进行疗效评价。银屑病患者可以借鉴该方法，分别从皮疹的面积、基底浸润程度、红斑的颜色、鳞屑的薄厚方面观察皮损变化，进行自我判定。即有没有新发的皮疹，原有的皮疹面积是否在继续增大？皮损是否明显突出于正常皮面？红斑颜色是否越来越红？是否全部皮损表面均覆有鳞屑？是，说明病情在发展；否，说明病情稳定，或症状减轻，病情在好转。当然，银屑病的病情不能仅仅从皮损的变化方面来评价，生活质量的变化亦是评价的重要方面。

🍀 自我保健不离情志与生活习惯

银屑病患者可从情志、生活习惯等方面进行自我保健，从而提高生活质量。首先，银屑病患者要保持乐观、积极的心态，树立战胜疾病的信心；其次，发病后应去正规医疗机构就诊，进行规范化诊疗；再者，日常生活中应仔细观察、归纳、总结疾病易复发的因素，避免易诱发病情的食物、环境或药物；最后，避免外伤、局部感染等，尤其是呼吸道感染，防止因其导致病情复发或加重。

老年性银屑病患者占银屑病患者相当大比例，日常生活中除做好以上四个方面外，还应注意以下四点：

（1）银屑病多在秋冬季节加重，应经常通风，保持空气清新，避免因老年患者怕冷而紧闭门窗，这样不利于空气流通；

（2）患有呼吸系统疾病的老年银屑病患者应经常更换床上用品，随时清理脱落皮屑，避免因气管吸入而引发或加重呼吸系统疾病；

（3）老年患者多皮肤干燥瘙痒，可大量使用保湿剂缓解不适，避免因过度搔抓而引起同形反应（银屑病进展期，因外部因素导致破损部位出现新发皮损）或局部感染；

（4）独居的老年患者，可多参加社区活动，或培养一定的兴趣爱好，避免因产生焦虑、孤独、紧张等不良情绪，从而对银屑病的发生发展起到助推作用。

🍀 银屑病患者应如何忌食

在忌食方面，西医和中医存在分歧。西医认为银屑病属于多基因遗传背景下 T 淋巴细胞异常的免疫性疾病，与过敏无关，无须忌食；但是中医认为银屑病三分证型，其中以血热证为多，若进食辛辣等刺激之物，无疑"火上浇油"，故应忌食。

因而笔者总结，银屑病处于进展期，或皮疹色鲜红时，相当于中医的血热证，忌食为佳；阳性体质，平素银屑病易复发，或易过敏之人，忌食为佳。

银屑病患者除应忌食平素可诱发或加重病情之物外（因个体差异，建议日常仔细观察有哪些物品），还应忌烟、酒。

🍀 适量文体活动值得推荐

适量的文体活动不仅可以锻炼体质，还能达到修身养性、宣泄紧张情绪的作用。一般来说，进展期银屑病患者，尽量静卧休息，静止期及消退期银屑病患者，适合运动项目较广泛，慢跑、打太极拳、游泳、举腿卷腹等常规项目均可，切记应避免蹦极、过山车等高强度及易紧张类活动。以举腿卷腹为例，具体步骤如下：

（1）仰卧在地板上，下背部紧贴地面；

（2）双腿抬起与上身呈 90 度；

（3）呼气，收缩腹肌，抬起上身，下背部不能离地，保持 2 秒钟；

（4）然后慢慢回到开始姿势。

如此重复，适度即可。

运动时应注意：如果患者皮损面积较大且肥厚，或皮损多分布于关节处，则建议进行小幅度、低频率、慢动作运动为佳，防止大幅度、剧烈运动导致局部张力过大皮肤破损，加重感染。运动前，可于皮损处大量涂抹保湿剂，缓解皮肤张力；运动前适度热身。

除此之外，游泳不仅能达到锻炼身体的效果，更可起到清除鳞屑的作用。泡温泉同样能起到相同作用，对银屑病的恢复也能起到积极作用。

温泉的水温一般维持在 38℃左右，接近人体体温，可促进皮肤血液循环，促进新陈代谢。温泉为自然水，泉水中富含各种矿物质离子，泡温泉可增加人体对微量元素的吸收。以锌离子为例，既往研究表明银屑病患者血锌降低，泡温泉后可使机体毛细血管扩张，血液循环加快，增加对温泉水中锌离子的吸收，使血锌升高，从而促进机体免疫功能的调节。

值得注意的是，患者在游泳或泡温泉后，人体水分会迅速蒸发，因此要及时喝水，补充水分。另出水后需涂抹保湿剂以增加皮肤的水合作用，这样有利于外用药物的吸收。对于合并内科疾病的患者，则应在专科医师的指导下进行。

以上为银屑病患者在日常生活中应该注意的一些事项，但因个体差异，仍建议患者发病后去正规医疗机构的专科就诊，以寻求适合自身的个性化治疗方案及调护方法。

（2024年陕西省优秀科普文学作品成年组二等奖）

比特的旅行

文 / 张丽琼　祁伟（武警工程大学密码工程学院）

◎ 我 的 名 字

虽然我是一个小小的比特，但我是信息传输旅途中最核心的人物。

我的名字正式出现在信息论之父克劳德·E·香农（Claude E. Shannon）于 1948 年发表的论文《通讯中的数学理论》中，在这篇伟大的论文中，香农首次使用了比特（bit）这个词。

香农用比特这个单位衡量信息量的大小。那么多少的信息量才算是一个比特呢？通过电信科学家的研究，信息量应该和符号出现的概率成反比关系。在香农的论文中，明确给出了信息量的计算公式。如果有一个符号出现的概率是 $1/2$，通过计算，这个符号携带的信息量就是 1 比特。最简单的随机二进制信号，只有 0 和 1 两种符号值，每种值出现的概率是 $1/2$，所以一个 1 或一个 0 携带的信息量就是 1 比特。在计算机这种二进制通信终端中，传输和处理的信息本质上就是一个个比特。

介绍完自己名字的由来后，我来讲讲我是如何诞生并怎样开始充满激情的旅行的。

◇ 我 的 诞 生

在信号家族中，有两个大家庭。一个是模拟信号家庭，另一个是数字信号家庭。模拟信号的特征是取值的可能性为无限多个，我们日常生活中的许多信号都是模拟信号，比如声音、图像等；数字信号则恰恰相反，它们的取值是有限的，在数字通道和数字终端中，所有信息都是用数字信号来表示的。在二进制的计算机终端中，只有 0 或 1 两种信号取值，一个 0 或一个 1 就是一个比特。在数据通信中，我们比特可是一个个重要的小精灵。我们跑得越快，传达的信息量就越大。

人们在网络上冲浪时，可能会一边打字，一边和网友语音聊天，文字与声音都要通过计算机传递出去。此时，声音就是模拟信号，而通过键盘输入到电脑中的文字已经是数字信号。假如，人们对着麦克风说了一句"你好"，怎么样才能把这个模拟信号变成计算机能读懂的 0、1 数字信号呢？"你好"这样一个声音信号首先由麦克风转换成模拟的电信号，然后经过抽样、量化与编码三个步骤，变成二进制的数字信号，也就是一个个 0 或 1 组成的信号。

抽样就是对连续的信号在一定时间间隔上进行取值，把原来时刻需要传递记录的连续信号值变成一个个离散的值。在对连续信号抽样时，要对抽样的频率进行控制——当抽样频率等于或大于这个模拟电信号最大频率的 2 倍时，才能用这些抽样后的离散值代替原来连续值。这个规则就是著名的"奈奎斯特抽样定理"。

经过抽样环节，原来的"你好"就由一个连续信号变成了离散信号。这些离散信号取值的可能性依然是无穷多的，要把这些无穷多的取值变成有限个取值，就是所谓的量化。具体的做法是，把信号的取值范围划分为有限个区间，在每个区间上设定一个电平值，上一步抽样得到的抽样点属于哪一个区间，那么就让它的值等于这个电平。这时，原来大大小小的抽样值就变成了有限个取值，量化后的信号也就变成为数字信号。如果把这有限个电平用二进制的 0、1 表示出来，就是编码。这时，我，一个比特，就诞生了。这一个个的 0、1 可以表示所有的信号，这就是我们比特家族。

◇ 比特的旅程

　　计算机之间的通信其实就是一场比特的旅行。今天，我要用我和我的小伙伴们的旅程为大家讲述数据通信的奥秘与奇妙。

　　我们的行程是从一台计算机通过传输网络到达另外一台计算机，这一过程包含了数据通信的大部分环节。首先，我们从计算机 A 出发，如果 A 发出的信息是 01100010，这时，我和我的小伙伴就组成了一个 8 个比特的有序的旅行团。由于目前的通信系统大部分都是数字线路，我们会通过光纤或网线进入到市话交换局。在这里，我们和其他旅行团（信号）进行复用，从而进入到远程的数字通信线路中。在踏上征程之前，每个旅行团都被划分为一个个较小的数据段，在每一个数据段前面，加上一个首部作为标记，就构成了一个个分组。那么如何选择一条快速有效的路线到达目的地呢？这是比特旅程中的一个重要问题。传输网络中的若干条道路由节点交换机连接起来，这些节点交换机会将收到的分组放入缓冲区，再查找路由表，然后确定让这个分组从哪个端口哪条路径通过，这样不停地存储转发，不同的分组会选择不同的道路在不同的时间到达各个节点。最终，我和伙伴们会在终点汇合，再根据标记按顺序组合在一起，又是一个完整的团队。这就是数据通信中重要的分组交换方式。

　　在旅行中，我和伙伴们想又快又多又准确地到达目的地。但是，路的宽度、沿途的干扰和噪声，以及信号编码方式与波形，都会影响比特旅行团的速度和准确率。衡量我们行进速度的是每秒钟通过的比特数，单位是 bps（b/s）。路宽就代表着信道的宽度，也可以叫作信道带宽，它是一个频率的范围。路宽要和信号的宽度相匹配。

在旅途中，并不是一帆风顺的，各种情况都会遇到。代表不同数字值的符号叫作一个码元波形，到达目的地时，各个码元波形之间也会互相干扰，从而区分不出到底是 0 还是 1。1924 年，奈奎斯特就提出了"奈氏第一准则"：如果没有噪声与干扰，信号通过一段理想低通信道时，最大的码元速率是 2 倍的理想低通信道带宽。或者可以表示为：在理想低通信道下，每赫兹的信道带宽每秒钟最多可以通过两个码元。在这个码元速率以下传输，可以克服码元之间的相互干扰。如果想让比特旅行团运送比特的运力增大，可以让每个码元上携带多个比特，这时编码的方式可以采用多进制。除了多进制的编码，还可以搭载其他类型的线路编码，可以有效地提高定时信息或是具有内在的检错能力，比如说 HDB3 码、CMI 码或差分双相码，更适合在高速数字信道中传输。

我们比特行走在信道中，必须搭载的车辆是电波形，不论在模拟信道中还是数字信道中，这些车辆都会发生损耗，表现在电波形上就会出现衰减和失真。失真就意味着电波形改变了原来的形状，产生了新的频率成分。另外，在旅程中，除了运送比特的车辆外，在这些机动车道上还会出现一些不运送比特的行人或非机动车，这些都可以看作是信道中的噪声和干扰。

实际旅程中，根据路况，比特旅行团会产生一个最高的比特传输速度，这就是著名的香农公式定义下的信道容量，这个最高的信息传输速率与信道带宽、信号功率以及噪声功率谱密度有关。可以认为，香农公式是一条交通规则：只要实际信息速率低于这个极限传输速率，比特们就可以无差错地在信道中传输，享受美妙的旅程。

就这样，我们经历着各种各样的变换，克服着通信旅程中各种困难，但归根结底，我们还是一群快乐的比特，最终到达了旅行的目的地——计算机 B。信息可以由计算机 B 及和它同在一个局域网内的计算机分享。局域网内的传输是一个典型的数字基带传输系统，经常使用的编码类型是曼彻斯特码和差分曼彻斯特码。这两种码元可以有效地提取定时信息，差分曼彻斯特码还可以克服接收端反向工作的问题，抗干扰性能更优。

这就是我和我的小伙伴——比特旅行团的旅行。其实在旅途中，还有许多的问题需要电信工程师们考虑，会发生许多的故事，在以后的时间里，我会慢慢讲给大家听。

（2024 年陕西省优秀科普文学作品成年组二等奖）

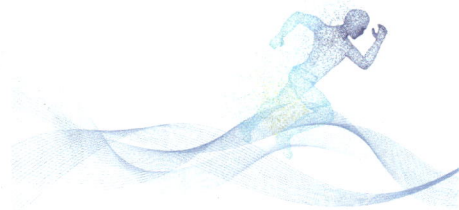

华阳会朱鹮

文 / 白忠德（西安财经大学）

　　我们到洋县华阳的时候，是三月末的一个傍晚。太阳落山前仿佛点起了一把火，燃烧了西边的天空，天空红彤彤的，云朵时而如峰峦相叠，时而如波涛奔涌。山山梁梁，沟沟壑壑，村巷行人，鸡狗牛羊，全被镀上一层金色。

　　像是燃尽能量的煤球，火烧云渐渐褪去色彩，云影绣出猪、马、牛、羊、骆驼、大象、蟒蛇各色图案来。最后天空是鲜净了，眼前却闪出两只鸟儿来，它们一前一后，紧紧相随，直直地飞。前边那只，长长的喙朝前伸着，细细的腿儿向后蹬着，腿紧紧地贴住尾羽，喙与身子几乎平直为一条线，两只翅膀舒展开，微微扇动。后面那只，身子褪去绯红，像是洗白了的衣服，细细的腿儿先是向后伸，再是垂直下来，翅膀使着劲，显出努力的样子。它们穿过一片翠绿的松林，闪耀在我们头顶左前方。我们清晰地看到了它们头顶那坨大红，看到了前边那只鸟儿的尾羽上夺目的朱红。

（朱鹮飞过头顶 雍严格 摄）

"这不是朱鹮吗？"一个朋友惊叫起来。

是的，它就是朱鹮。陕西洋县是朱鹮的老家、野生朱鹮最大的家园，华阳是它们理想的生活地。

鸟中大熊猫

"鸟中大熊猫""东方瑰宝"，这两顶光鲜的帽子戴在朱鹮头上，可谓般配极了。它们虽是中、日、韩区域性居民，但与大熊猫这个全球公民相比，似乎也不落伍，既上了国庆 70 华诞的彩车，又当了第十四届全运会"吉祥四宝"的领队。与走过坎坷漫长 800 万年的大熊猫一样，朱鹮的命运也是曲曲折折，满载着神奇与辛酸。

朱鹮属鹳形目鹮科，有 6000 万年历史，绝对是古鸟了。它们的居住范围很广，除过南极洲，各大洲都有其飘逸飞翔的身影。其种类多达 26 种，最珍贵的要数朱鹮和黑脸琵鹭，最鲜亮的当属闪着红色光泽的美洲红鹮。鹮科喜欢群居生活，讲排场，比如美洲白鹮常常几千只聚在一起，飞跃时遮天蔽日，好似群鸦鼓噪，又似雷声轰鸣，真是壮观极了！

朱鹮却没那个阵仗，一则族丁不旺，二则内敛不张扬。它们不好热闹，不扎堆，时常单独或成对或呈小群活动，极少与别的鸟合群。行动时，步履迟缓；飞行时，两翅鼓动亦较慢，头、颈向前伸直，两脚伸向后，但不突出于尾外。白天活动觅食，晚上歇于大树。

朱鹮白天独自或成小群散步、觅食、休憩，很少嚷嚷，静静地干自己的事儿，一副自得其乐的模样。夜宿时，头颈转向背面，以喙插入羽毛；或缩脖垂头，喙靠于胸前。它们瞌睡少，经常给自己理毛，还互相理。一只走近另一只，以喙碰击，发出低鸣，后者迅速呼应。若是一方抬头仰喙，另一方必以喙碰触其颌、头部羽毛。稍后，理毛者换作了享受者。

它们与喜鹊搭伴做了"吉祥之鸟"，受到东亚人民的喜爱。"朱鹭不吞鲤。"朱鹭，即朱鹮。此为春秋时期的《禽经》所载，可见古人早早地就认识了朱鹮。

（朱鹮嬉戏 蔡琼 摄）

（朱鹮暮归　王维果 摄）

看这被民间称为"红鹤"的鸟儿，那一身嫩白，点染着几点丹朱，身体柔若无骨，身形清丽曼妙。除头顶一抹丹红，其两颊、腿、爪呈朱红色；喙细长，末端下弯，呈黑褐色，尖头却为红色；翅上羽毛红色，翅下粉红色；腿更是红得惹眼，细细长长的，像个竹棍。它们优雅地散步，优雅地飞翔，优雅地聊天，优雅地休憩。它们的一切，都是优雅的。

20 世纪前半叶，朱鹮广泛分布于俄罗斯、朝鲜、日本和中国东部，后来种群数量急剧下降，至 70 年代野外已不见其踪迹。

中国科学家们不甘心，坚信朱鹮生命的坚韧，他们期盼奇迹的出现。从 1978 年起，中国科学院鸟类学家们组成考察队，实地勘查了东北、华北和西北地区，跨越 9 省区，行程 5 万多千米。也许是他们寻找的艰辛感动了上天，上天把仅剩的 7 只朱鹮送还给我们。1981 年 5 月 23 日，鸟类专家刘荫增在陕西省洋县八里关乡大店村姚家沟发现了两处朱鹮营巢地，那里有 7 只朱鹮，其中 4 只为成鹮，3 只为幼鹮。我国一下子成为了世界上唯一分布着朱鹮野外种群的国家，引起了全球生物界关注。7 只小生命，能否撑起种群复壮的重任？

（本文作者与朱鹮发现者刘荫增先生合影　蔚文波　摄）

　　人们把焦虑、期冀投向秦岭南坡汉水流过的这片土地。朱鹮的消失，缘于环境污染和人类活动。找到病因，药方也就开出来了。"像对待大熊猫一样保护朱鹮！"政府采取最严格的物种保护措施，当地民众把朱鹮当亲人朋友，上下一起发力，终于把它们从阎王殿门口拽了回来。生活环境舒心了，家庭成员扩大了，它们飞得更远，叫得更欢。

　　野外种群的扩大，为人工饲养和野化放飞夯实了基础。先前一些已绝迹的地方，又重新闪现着朱鹮靓丽的身姿。其栖息地跨过秦岭，从长江流域扩大到黄河流域，从东洋界延伸至古北界。朱鹮生活在以陕西洋县为中心的地区，向四周辐射到河南、浙江、四川、北京、上海、河北、广东等地，以及日本、韩国等国家，总数超过 9000 只。朱鹮受危等级也由极危降为濒危。40 年的艰辛付出，谱写出一段世界濒危物种成功保护的传奇。

鸟中君子

在动物的世界里，朱鹮绝对是和平主义者。

爱情是自私的，更是排他的。大熊猫、金丝猴、羚牛为爱情打斗，搞得乌烟瘴气、你死我活。朱鹮的做派就文明多了，自由恋爱，自由组合，各自亮出吸引异性的招数。好比沈从文小说《边城》里的天保、傩送，兄弟俩同时爱上老船夫的孙女翠翠，下了决心争取，谁也不让谁，但他们却是和平的，各显各的本事，没有阴谋，没有交易，更没有暴力。这哥俩莫不是受了朱鹮的感召？

在朱鹮眼里，爱情是圣洁的，不得沾染一点尘埃，也许其但骨子里生出的和平因子，让它们觉得为爱情使绊子、动拳脚，是件最没出息的事儿。朱鹮恋爱时自由选择，大大方方追求，一旦进了婚姻的殿堂就会终生和睦相伴，不会吵架拌嘴。

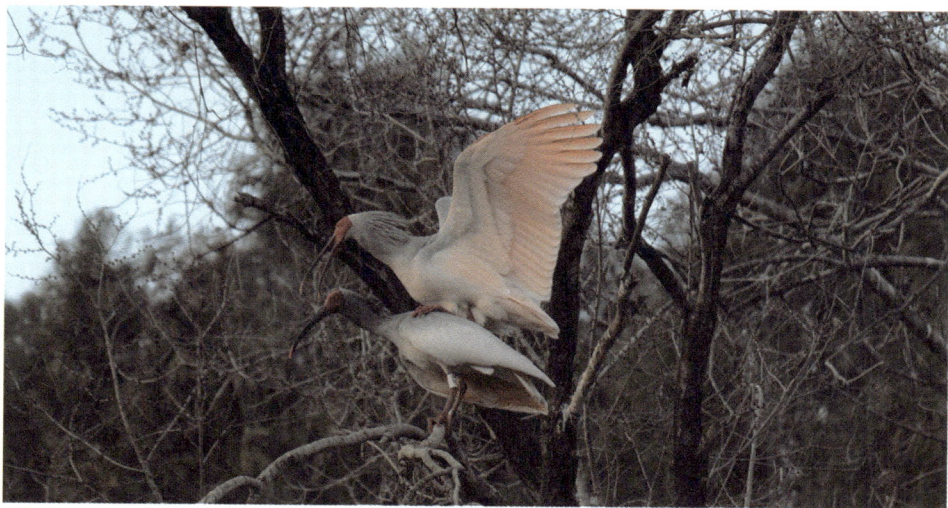

（夫妻相悦　段文斌　摄）

在动物们眼里，拥有一片属于自己的地盘，意味着安全与食物得到了最大保障。那与爱情一样，是容不下"第三者"的。由于空间有限，朱鹮间也免不了发生争斗，但它们从不下狠手，往往点到为止，可谓雷声大雨点小。它们彼此相向而立，"啊—啊—"叫着，嗓音急促，眼神温和，喙部交叉，头部左右摇晃，以喙互击。这时候，个头与智慧就起着决定作用。一方承受不住时，爽快地放弃了挣扎和谋略，痛快地认个输，低头梳理冠羽，跳跃着让出那个中意的地盘；或者扇翅飞走，抖掉怨恨和诅咒，到别处乐呵去了。胜利者不欢呼，不追赶，只是静静地目送，给予对手一份体面与宽宥。

朱鹮爱好和平，不惹是生非，与大熊猫、金丝猴、羚牛、黄牛、斑鸠、麻雀等大多数动物友好相处。有好事的乌鸦、喜鹊、山雀等，随将家室安置于朱鹮巢穴附近甚至在同一棵树上。当朱鹮觅食时，它尾随在后面，追捕那

（地盘争夺战　雍严格 摄）

（朱鹮与黄牛共享春天　蔡琼 摄）

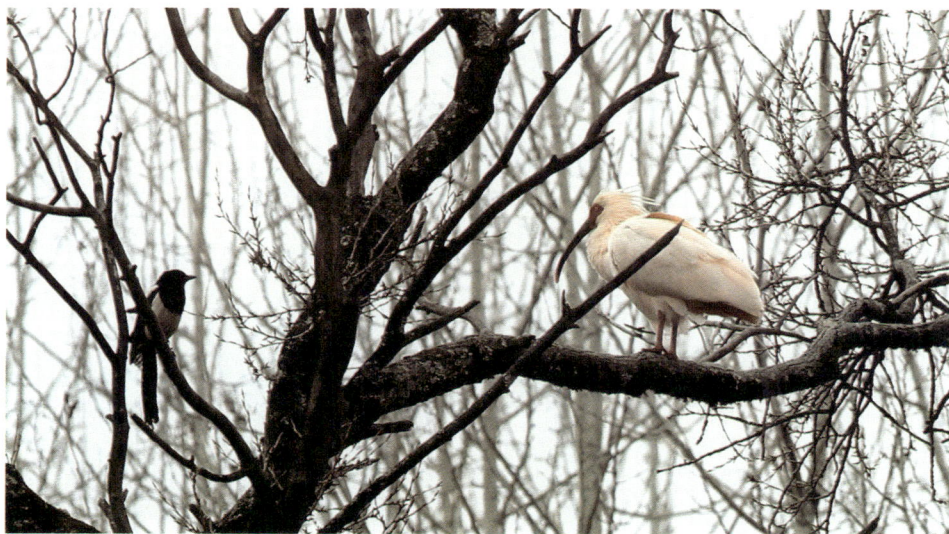

（朱鹮与喜鹊　周勇 摄）

些受到惊吓而落荒逃逸的小动物，甚至直接从朱鹮嘴下抢夺食物。

两千多年前，一个叫司马迁的男人，因为说了几句公道话，被官家使了宫刑，落下一辈子耻辱和愤懑，可他没像脆弱者那样跳楼抹脖子，忍得大苦大难，终成一代史学大师。朱鹮就是动物界的司马迁啊，忍受了乌鸦、喜鹊的窝囊气。司马迁的隐忍，是为了"成一家之言"的《史记》；朱鹮则为了更好地活着，不屑于理睬那些张牙舞爪的家伙。

善良温顺的朱鹮，习得了与竞争对手打交道的本领，活成了大自然中的鸟中君子，磨炼出一套高妙的处世哲学。

（2023年陕西省优秀科普文学作品成年组二等奖）

科普·文学作品

◇青少年组◇

深海探秘——

海洋地理、气候与洋流的交织之谜

文／任家诺（西安经开第一学校南校区）

在地球这颗蓝色星球上，海洋占据了超过 70% 的面积。它不仅是生命的摇篮，更是地球气候调节的重要参与者。海洋科普，不仅仅是对海洋知识的普及，更是对人类生存环境的深度解读。让我们一同踏上这场探索之旅，从宏观的海洋地理，到微妙的气候变迁，再到影响深远的暖流与寒流，揭示隐藏在碧波之下的自然奥秘。在这浩渺无垠的蓝色世界里，每一个细节都可能改变我们对地球的认知，每一次探索都可能开启新的科学篇章。

蓝色星球的广阔疆域

海洋的形成是一个极其漫长的过程，从地球诞生之初的原始海洋到如今的海洋，历经了数亿年的地质变迁。随着地壳板块的运动，海洋的边界不断扩张，而海洋内部的地形也变得丰富多样，从平坦的大陆架到深不见底的海沟，从蜿蜒的峡谷到高大的海山，海洋地理的复杂性令人叹为观止。

海洋的分布并非均匀的，而是以赤道为中心，呈南北对称。四大洋——太平洋、大西洋、印度洋和北冰洋，各自占据着地球的一部分领域。太平洋以其广阔无垠的面积位列四大洋的老大，而大西洋则以它的深度和独特的洋流系统闻名于世。印度洋虽然位列第三，但其独特的地理位置使其成为东西方贸易的重要通道。北冰洋，包围着格陵兰岛，是地球上最寒冷和最偏远的海洋。

各大洋的特性各异，它们的温度、盐度、洋流和海底地貌各具特色。太平洋的暖流提供了丰富的渔业资源；大西洋则以其明显的温度梯度和洋流变化影响全球气候；印度洋的季风洋流影响着亚洲季风气候；北冰洋则以其寒冷的南极环流与全球气候紧密关联。

海洋的深度令人震撼，平均深度约为 3800 米，最深处的马里亚纳海沟更是深达 11 034 米。海洋深处的环境极端，压力巨大、温度极低，但即使在这样极其苛刻的条件下，仍有生物以不可思议的方式繁衍，彰显了海洋生命的坚韧和多样性。

海洋地理具有多样性和复杂性，如同地球上的一个微缩宇宙，蕴藏着无数的未知等待我们去探索。每一片海域都有其独特的地质故事，每一座海山都有其独特的生物群落。从浅海的珊瑚礁到深海的深渊，每个角落都体现了大自然的鬼斧神工。

了解海洋地理是理解地球生命历史和生态系统的关键。通过研究海洋的形成、分布、深度以及各大洋的特性，我们可以更深入地认识这个蓝色星球，理解人类与海洋的紧密联系，以及我们所依赖的气候系统如何在海洋的广袤疆域中交织。

海洋地理的研究不仅限于学术领域，它与我们的日常生活息息相关。海洋资源的开发，海洋环境保护，以及应对气候变化的策略制定，都需要对海洋地理有深入的理解。海洋地理是地球科学的重要组成部分，它揭示了地球生命的起源，塑造了地球的气候，影响着人类的未来。

因此，探究海洋地理的广阔疆域，不仅是科学家的任务，也是我们每一个人的责任。只有深入了解并尊重海洋，我们才能在享受它带来的恩惠的同时，承担起保护这一蓝色星球的责任。

波动中的生命舞台

海洋是地球上最庞大的气候调节器，以其独特的波动性在生命的舞台上扮演着举足轻重的角色。海洋气候，这一复杂而精密的平衡系统，不仅是全球气候的稳定器，更是生态系统演变、物种分布和人类活动的决定性因素。

海洋温度的变化直接影响着全球的热量分布。热带海域的暖流携带热量向两极输送，而寒冷的极地洋流则流向低纬度地区，这种冷暖流的交互作用在地球表面形成了一个巨大的热能传输网络。洋流，如同地球的血液，将热量从温暖的赤道地区运输到寒冷的极地，维持了全球气候的相对稳定。没有海洋的这种热量均衡作用，地球的温度将极端波动，生命难以在此繁衍生息。

海洋的盐度同样是气候的重要调节因子。盐分的浓度影响了海水的密度，进而驱动了海洋环流。高盐度的海水下沉，低盐度的海水上浮，形成了一个全球性的海洋循环系统。这个系统对气候的影响深远，通过调节大气中的水分含量，影响降水模式，进而塑造了世界上许多气候区的特性和生物多样性。

海平面的变化则是海洋气候对地球表面最直接的视觉冲击。全球变暖导致冰川融化，海水体积膨胀，海平面逐渐上升，威胁着沿海城市和低洼地的生态系统。海洋和气候的紧密关系，使海平面上升成为一个全球性问题，牵动着人类社会的未来走向。

海洋气候对生态系统的影响无处不在。热带海域的暖流支持了丰富的珊瑚礁生态系统，而寒冷的南极水域则是鲸鱼和企鹅的家园。海洋的温度和盐度变化，不仅影响了生物的分布，还决定了种群的繁衍和迁移。海洋的波动，如同生命的乐章，塑造了生态系统的多样性和动态平衡。

对于人类而言，海洋气候的影响既深远又直接。海洋的生产力为人类提供了丰富的渔业资源，而海洋气候的不稳定性也加剧了台风、飓风等极端天气事件，对人类生活构成威胁。同时，海洋也是国际贸易的重要通道，海洋气候的变迁可能改变航线、影响贸易效率，进而影响全球经济。

海洋气候还对人类的活动产生了深远的影响。通过研究海洋气候，人类可以预测极端天气，为农业、渔业提供指导；开发海洋能源，如潮汐能、波浪能等，依赖于对海洋气候的深入了解；而应对全球气候变化，如碳汇的管理、海平面上升的适应，也都需要对海洋气候进行深入研究。

海洋气候，如同生命的舞台，其波动与变化影响着地球上每一个生命个体，塑造着地球的面貌，也定义着人类的未来。在波动的舞台上，我们既是观察者，也是参与者。每一滴海水的温度变化，每一次洋流的涌动，都在无声地讲述着生命的故事，呼唤着我们去探索、去理解、去保护这个在波动中孕育着生命的舞台。

海洋的血液与脉络

洋流，作为海洋的血液，流淌在地球的每一个角落，无声地塑造着气候与生命的舞台。它们是自然的大规模能量传输系统，犹如地球的血管，将热量从温暖的热带地区输送到寒冷的极地，维持着全球的热量平衡。暖流与寒流，如同海洋的动脉与静脉，共同编织出一幅错综复杂的地球能量与生命分布图谱。

暖流，如同海洋的热能输送带，它们从热带和亚热带出发，携带热量，向两极前进。以墨西哥湾暖流为例，它始于佛罗里达半岛，携带加勒比海的温暖海水，北上至北大西洋，为欧洲西部海岸带来了比同纬度更为温和的气候。这种暖流的存在，使得英国和挪威等北欧国家的气候比理论上的更温暖，甚至在北极圈内也能出现冬季不冻港，形成了独特的"暖区效应"。

暖流的温暖效应不仅影响了气候，也孕育了丰富的生物多样性。例如，加利福尼亚湾暖流使得北美西海岸的海域成为海洋生物的天堂，丰富的海洋生物资源支持了渔业的发展，同时也提供了多样化的生态系统，提供了鲸鱼、海豚等大型海洋生物生存的环境。

寒流，如同海洋的冷却剂，它们从极地出发，携带冷海水，向赤道方向流动。典型的例子是秘鲁寒流，它沿南美西海岸自南向北流动，使得沿岸地区的气候比同纬度更为凉爽，甚至在热带地区形成了沙漠。这种冷却效应在生物分布上也体现得淋漓尽致。秘鲁寒流带来的营养盐类促进了浮游生物的繁殖，进而吸引了大量鱼类，形成了丰富的渔业资源。

寒流的冷却作用不仅影响了当地的气候，也对全球的气候模式有重要影响。例如，南极洲周围的南极环流，将寒冷的海水向赤道方向输送，对全球的热量平衡起着至关重要的作用，它在很大程度上减缓了赤道地区热量的积累，维持了地球的气候稳定。

暖流与寒流的交织形成了复杂的海洋环流系统，它们在地球能量平衡中扮演着至关重要的角色。暖流输送热量，促进全球热量的南北平衡，而寒流则冷却热量，防止热量过快积累。这种冷暖流的交互作用，就像自然界的空调系统，使得地球的气候得以在可居住的范围内波动，为生命的繁衍提供了稳定的环境。

在生物分布上，暖流与寒流的交错形成了独特的生物分布带，为物种的迁移和适应提供了地理界限。例如，大西洋的暖流和寒流交叉带，是海洋生物的交汇地，吸引着各种鱼类在此迁徙，形成了资源丰富的渔场。

海洋的血液——暖流与寒流，它们的流动与交汇，编织出一幅生命的长卷，影响着地球的气候，塑造着生态的多样性，也塑造了人类的文明。正是这些看似无形的洋流，无声地塑造了我们所生活的世界，它们的每一丝波动，都在影响着我们生活的方方面面。

海洋，这个孕育生命的摇篮，其深邃与神秘远超我们的想象。通过海洋科普，我们不仅了解了它的地理特征、气候规律，还领略了暖流与寒流的"舞蹈"。这些知识不仅是科学的瑰宝，也是我们保护地球、让人类与其他生物和谐共生的智慧源泉。让我们珍视这份蓝色遗产，用科学的视角去解读，用行动去呵护，让海洋的韵律在未来的篇章中继续奏响，为地球的生态平衡和人类的可持续发展写下新的注脚。海洋科普，不仅是知识的传播，更是对未来的期许，对生命的敬畏。

（2024 年陕西省优秀科普文学作品青少年组一等奖）

科 学 之 旅

文 / 王玉涵（宝鸡市陈仓区茗苑小学）

科学之门已经打开，科技带给我们的便利随处可见，以后科技的发展，还需要我们来探索创造。

神奇的糖水

一天，我在一本科学书上看到糖水可以制作隐形的墨水，于是，我在好奇心的驱使下做起了实验。我先把糖水调好，用毛笔蘸糖水在纸上写了"开门大吉"几个大字，然后把纸晾干，纸上就什么都没有了。然后我用打火机稍微烤了一会，结果纸上出现了一个浅褐色的"开"字。我欣喜若狂地对正在看电视的婆婆说："婆婆，快来，我给你表演魔术！"于是，我又重新拿了一张白纸，写上"婆婆"两个大字，用吹风机把它吹干，上面的字便没

了。我问婆婆："您信不信，我可以不用笔，用火写出'婆婆'两个字来。"婆婆摇了摇头，显然不信。

我找来打火机，烤了一会儿，谁知烤得有点儿久，不小心把纸给烧着了，婆婆笑了。我有点急了，说："您等一等。"我又在一张白纸上写了那两个字，然后晾干，这次我只是稍微烤了一会儿字便显现了出来。我得意地笑着，婆婆赶快从我手中夺去纸，翻来覆去地看着，非常惊奇。

小伙伴们，你们明白这是为什么吗？不明白，就让我给你讲一讲吧！因为用糖水在纸上写了字、晾干后，字形、图案就会消失，火烤之后，字形图案会因糖分脱水而呈现浅褐色。动动脑筋，想一想除了糖水，还有哪些液体可以做隐形墨水呢？

===== **巧妙解决水垢** =====

我们家烧水的铝壶底总是有层黄黄的水垢，如果不及时清除，烧水时既费时又伤壶。因此每过一段时间，妈妈就得用清洁球刮洗一次，这多麻烦啊。有一次，妈妈在清除水垢的时候还把手刮破了，我看在眼里，急在心里。怎样才能方便又有效地帮妈妈除掉这烦人的水垢呢？

我打开水壶盖，往壶内左看看右瞧瞧，百思不得其解。爷爷看着我这样折腾，不耐烦地说："水垢啊，从来都是这样洗的。你省省心，还是把时间用在读书上吧！"爸爸回头插嘴了："爸，你这老方法麻烦，我好像看到过什么用醋能去除水垢的做法。"妈妈摊开两只手，苦笑着说："我也习惯了，你能想出什么好办法来吗？"我满怀信心地去查阅了书籍，还查阅了万能的网络。我发现，好用的点子可真多，大概有这几种：

（1）在水壶中倒些热醋，盖紧盖子，轻轻摇晃后放置半小时，用清水洗净；

（2）将鸡蛋壳打碎在水壶里，再倒几滴洗涤剂和适量水，加盖后，上下晃动，最后用清水冲洗干净；

（3）用清洁球刮擦干净。

到底哪个是最有效的方法呢？我随即找来了三只积满水垢的水壶，一些醋，一个鸡蛋，一瓶洗涤剂和一只清洁球。我先在一号壶中倒些热醋摇晃，放置一边，再将打碎的鸡蛋壳放入二号壶，滴入几滴洗涤剂并放入水，最后拿起一只清洁球开始在三号壶里刮擦起来。

半小时过去了，我也累得腰酸手痛，三号壶擦得也差不多了。我掀开一号壶的盖子，一号壶果然焕然一新啊，没有一点水垢，干干净净。哇！这醋可真厉害！二号壶的蛋壳也有些功效，水壶底附着的黄水垢显得斑斑驳驳，大部分水垢已经褪去了，只留了一小部分。回头再看看我擦过的水壶，倒也干净，但留下了丝丝划痕，像是扒了一层皮，这对水壶的使用寿命有很大的影响。因此，我觉得第一种方法除水垢既方便又实用。

水壶为什么会积水垢？醋是怎样清除水垢的呢？带着疑问，我查阅了大量的书籍，这位无声的老师告诉我：河水、井水、海水等叫硬水，用硬水烧开水，温度一高，水里的碳酸氧钙和碳酸氢镁就会分解，生成碳酸钙和碳酸镁，它们沉淀下来，就形成了水垢。而当水垢中的碳酸钙遇到酸时就会发生化学反应，生成溶于水的物质，一号壶除去水垢的原理就是这样的。

我一定要让妈妈用醋除垢，这样既能使水壶里面干干净净的，又不费劲哦！

鸡蛋漂浮

科学往往是很吸引人的，而且科学还是永远探索不完、永远新鲜有趣的。比如，就拿漂浮的鸡蛋这一实验来说，也许很多人都知道，但做实验的过程远比听说的要新颖。

实验很简单，材料只有四样：塑料杯、食盐、勺子、鸡蛋。虽说简单，却可以从中收获许多知识。

首先，我拿起水壶，在塑料杯里倒进大半杯水，接着轻轻把鸡蛋放入水中，鸡蛋在杯中沉入底部后就不动了，似乎在休息。接着我放了一勺盐，鸡蛋没有动静；我开始放第二勺盐，鸡蛋仍然安安静静地躺在杯底。我一气之下放了六勺盐，鸡蛋没有辜负我的期望，上升了一点儿；最后我又放了两勺盐，鸡蛋上升得又高了些。

听说鸡蛋可以漂浮到水中间，我就把鸡蛋拿出来，用勺子搅拌了一下未融的盐，待杯子底部的盐化了，我才慢慢把鸡蛋放进去，鸡蛋开始不停地上下浮动。等了一会儿，鸡蛋不动了，浮在了水的中间。

最后，我又将两勺盐倒入水中，鸡蛋又上升了一些。我淘气地用手指把鸡蛋往下压，松开手指，鸡蛋很快又浮到水中。

为什么鸡蛋会漂浮起来？我从网络上查到：鸡蛋刚放进清水里的时候，由于鸡蛋的比重比水大，鸡蛋受到的浮力小于本身的重量，所以它会沉到底部；放盐后，水把盐溶解了，水的比重增加，当盐水的比重等于鸡蛋的比重时，鸡蛋就会浮起来；再继续加盐，当盐水的比重大于鸡蛋的比重时，鸡蛋就会浮得更高。

老师在课堂上告诉我们：任何物体在水里都会受到浮力，受到浮力的大小等于物体排开水的体积的重量，这就是著名的"阿基米德定律"，也叫浮力定律。我很惊奇这个小小的实验居然蕴含了如此丰富的原理，也明白了科学除了用来放松用来玩，还很重要很有用。我暗暗下定决心在往后的日子里好好学习物理，好好研究有趣的科学。

（2024 年陕西省优秀科普文学作品青少年组一等奖）

黑 洞 日 记

文 / 张婉僮（陕西师范大学附属中学）

宇宙标准 23 日　心情：喜悦

一个地球孩子指着我的照片问他爸爸："黑洞是啥东西？"

他这样的话，他的老祖宗小时候也问过，我听得耳朵都起茧子了。

我想告诉他，我不是什么东西，我名叫黑洞，贪吃还暴躁，如果他离我近一些，我啊呜一口，就会把他吸进我的大嘴巴。

"从前有一个恒星，他比太阳还要大几圈，后来他老了，就决定自我爆炸。爆炸后，留下了一个核。这个核的质量还挺大，结果形成了一个黑洞。"那个爸爸很会讲故事，连我都觉得有趣。

"原来黑洞是这样出生的呀，就像孙悟空从爆炸的石头里跳出来一样。"那地球孩子很兴奋。

孙悟空是谁，竟然和我相提并论！

"这个质量超大的黑洞，非常贪吃，加上他有很强的引力，他身边的所有东西都被他吸进嘴里，比如很多星际物质和气体，就连光也不例外。"

"他这么贪吃，会不会吃坏肚子？"

"咕嘟……"我肚子响了起来。

不好，肚子真的吃坏了，吃了那么多能量，肚子火热火热的。

我打了个嗝，一股股热量从我口里喷出去。

"爸爸，原来黑洞喷出来的热量就是辐射！"

这些地球人呀，可真会取名！

宇宙标准 28 日　心情：开心

我们黑洞兄弟大都性格直爽简单，也最不喜欢复杂的事物。

我们的前世是某个恒星，但我们一旦成为黑洞后，有关我们以前的一切都会从我们的记忆里消除掉，谁想要从我们身上获取以前的信息，那可不容易！

我们严格遵循"无毛定理"，除了质量、角动量、电荷之外，我们没有其他性质。

我们可不像那些陨石，掉到地球上后，还被地球人研究出关于他们的一切。比起他们，我们黑洞显然聪明多了。

我们总是和过去毅然诀别，开心迎接我们"大胃王"的幸福日子！

宇宙标准 33 日　心情：开心

宇宙大人竟然当导演，拍了一场黑洞电影，他还包场给我们黑洞成员观看。

电影一开始就非常激烈，而我们黑洞是其中的主角。

作为宇宙中的超级"磁铁"，黑洞小黑无时无刻不在奔跑，所到之处，可以说"横扫一片"，一切的太空物质，包括宇宙射线、光都无法逃出他的"魔掌"。

"哈哈哈……"我为小黑骄傲，也为宇宙大人叫好。

突然，有个地球人即将被小黑吸走，电影上突然冒出一个方形脑袋问："如果地球人被吸进黑洞会怎样呢？"

电影上小得不能再小的地球人叫："第一，不等吸进去，就会让黑洞边缘的热度融化；第二，有可能被黑洞强大的吸引力撕成碎片；第三，有可能穿越到另外一个世界。我希望穿越到另一个世界！"

我们黑洞吸东西，这是天性。如果我们能把物体瞬移到另外一个世界或时空，我们还是挺愿意助人为乐的。

不过想要知道我们是否是"时空之门"，那就得大家来尝试和证明了。

宇宙标准 39 日　心情：兴奋

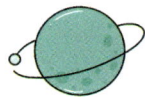

"我们黑洞有力量！有力量！嘿！"

这是我们黑洞运动时常唱的歌儿。

不过谁要是遇到了我们，或者到了我们的附近，我们就会让你体会一把时间的魔力。

我记得有一次，一艘太空船子舰先是飞到我附近，然后又迅速逃离我。我敢打赌，对于这艘子舰里的航天员来说，只不过过去了他们地球人的几个小时而已，但对于他们太空船母舰上的小伙伴来说，却是过去了地球的几十年！

为什么会这样？

嘿嘿，让我告诉你！

因为我们黑洞的质量和引力场可以弯曲时空，从而让时间的流逝变慢。

这就是时间膨胀，我们的引力场太强大了！

我们就是宇宙中最奇特又神秘的天体！

宇宙标准 45 日　心情：兴奋

我们都是潜伏高手。

我们潜伏在每一个星系的中央。

尤其是超大质量的黑洞，潜伏的能力更强，要知道，我们的质量是太阳质量的 100 万倍，甚至 100 亿倍！

有很多星球上的生命体都在研究我们，除了宇宙，我们才是第二明星呀。

我们强大得足以影响整个星系内的所有天体！

我们越活跃，新恒星的诞生就越少！

你想想，恒星们多讨厌我们呀！

宇宙标准 50 日　心情：有点儿沮丧

他们叫我大反派、大胃王。

我才不在乎他们叫我什么呢，只要有吃的我就开心。

我隐藏在星系的中心，不断吞食来自其他天体的物质，慢慢生长。

我想起我年幼时的样子，那时我还是个黑洞"种子"。大质量恒星死亡爆炸后，留下我这个"种子"，为了生存下去，我什么都吃，我从来不挑食，所以我才能成长为超大质量黑洞。

我其实也想减减肥的，可是却管不住自己的嘴。

直到有一天宇宙大人找到我说："超大黑呀，你不会不知道你的增长上限是 500 亿个太阳的质量吧？如果超过了这个限，你的身体是会出问题的。"

我看看自己的肚子，我可不想生病，不想变成疯魔的黑洞。

等我吃了眼前这些物质，我就开始减肥呀！

宇宙标准 52 日 心情：开心

我们黑洞大家族喜欢热热闹闹的，所以我们大都在银河系买了房子。

光住在银河系的兄弟姐妹就有 100 万个，我最敬佩的超大质量黑洞大哥住在银河系中央的人马座 A 方向。

我很想去超大质量黑洞大哥的别墅里转一转，他却说别来了，每来一个黑洞兄弟，大吃特吃，害得他还要饿肚子。

银河系除了我们这些黑洞居民外，还住了大约 100 亿颗恒星，他们周边总是笼罩着一些尘埃团和气体结构，他们不喜欢那些生命体用望远镜观测他们。

哦，还有个秘密，在银河系的中心，住着我们黑洞的一个大明星，他是一个超大质量黑洞，他的质量大概是太阳质量的 400 万倍！

（2024 年陕西省优秀科普文学作品青少年组一等奖）

"养龟小白"的探索之路

文 / 刘承峻（西安市沣东实验小学）

去年秋末，我家买回来两只活泼可爱的乌龟，它们长有一个小脑袋，胸前平滑，背部有颗粒状鳞片，有扁平的甲胄，还有一条短尾巴和 4 只带蹼的爪，很讨人喜爱。但由于我是养龟新手，对于它们喜欢吃什么，适宜在哪些水域里生活，都有些摸不着头脑。而且一入冬不知道怎么的它们一直在呼呼大睡，始终将四肢蜷缩着，一副奄奄一息的样子。那时候我可着急了，为了龟龟的健康，我便向网络寻求帮助。

我首先搜索了它们喜欢住的水域，发现它们是两栖动物，通常生活在河流、湖泊中，它们白天会在水中玩耍，晚上便不会再出来。我顺带查了一下它们的食性，发现它们什么都能吃，它们喜爱的食物竟然有小鱼干、蜗牛、玉米、大米……而且它们的食量还会依据水温和水质变化呢，水温越高，食量就越大。不错不错，长了不少新知识！

哎哟，差点儿忘了"重头戏"！乌龟它们怎么一入冬就睡个不停，连饭都不吃了呢？原来这种现象叫作冬眠，它们的冬眠时间一般是从每年 11 月份开始，到次年 4 月初结束。在此期间乌龟大概一周至半个月进一次食，一直等到气温差不多达到 13℃才会逐渐苏醒。另外它们之所以蜷缩着四肢，也只不过是为了预防天敌来袭，并为自己提供温暖。以后再碰到这种情况，我也不用担心它们是不是生病了。对了，悄悄告诉你，乌龟是动物界公认的老寿星，目前已知世上最老的乌龟大约有 256 岁呢！

没承想，小小的乌龟也有如此多的奥秘！

（2023 年陕西省优秀科普文学作品青少年组一等奖）

斑 珍 蝶

文 / 石泽楠（西安市沣东实验小学）

写完作业的我来到窗边读书，正读得津津有味，突然听到一个声音在喊："救救我！"

我朝着声音传来的方向看去，只见王小胖同学追着一只蝴蝶跑着，这只蝴蝶飞得实在是太慢了，他不一会儿便追了上去，双手"啪"的一声，便把蝴蝶捂在手里，他得意洋洋地嘿嘿笑着，手掌打开一条缝，看着蝴蝶。

"救救我！"那个声音又响起来了，我意识到一定是那只蝴蝶在呼救。没有多想我便从冰箱里拿了一个冰激凌出门了。我知道王小胖这几天正在做蝴蝶标本呢！

我向王小胖喊道："喂，你能不能把你的蝴蝶给我，我用这个跟你换。"说着我晃了晃手中的冰激凌。王小胖的眼睛立刻放光了。我就知道他爱吃。

我小心翼翼地接过蝴蝶，打量起来。它翅面棕色，斑纹黑色，中室内有2个横斑，中室外4个斑排成1列，中室下方有3个斑。

竟然是斑珍蝶，这种蝴蝶比较稀有，它们主要分布在印度、斯里兰卡、缅甸、泰国、马来西亚、印度尼西亚以及我国南海。

斑珍蝶的翅膀是红棕色的或者黄褐色的，上面有很多黑色的小斑点，翅膀的边缘还有一圈黑色的边，简直像是裙子的镶边一样呢！

我摊开手掌，斑珍蝶便慢慢地飞起来，这时我又听到那个声音说："谢谢你！"我就这样看着斑珍蝶飞走了。

（2023年陕西省优秀科普文学作品青少年组一等奖）

识 中 世

文 / 潘菲杨（西安市沣东实验小学）

2090 年的地球会是怎样的呢？小孩的学业越来越重，成年人的就业压力也越来越大，整个世界在螺旋式的快节奏中运转。在日复一日的机械式工作学习下，人类的大脑不堪重负，人们愈发显得呆滞、麻木。为了解决这个难题，缓解大脑的负荷，中科院院士及相关专家研发出了"识中世"。

"识中世"，即意识中的世界。听起来有点不可思议吧？它可以通过大脑连接终端，在睡梦中进入人的精神世界，因此它又有一个别称——梦中之城。它究竟是一个什么样的世界呢？用"世外桃源"形容也不为过吧！

"啊！真困啊，终于可以进去啦！"我一边打着哈欠，伸了个懒腰，一边随手拿起一个电子头套，将上面的眼镜放下来戴上，随后在床上躺下。忽然，我眼前像被粒子虚化了一样，再睁眼，宏伟的建筑、梦幻的电子投影海报便浮现在眼前了。

"这次去哪个时刻玩呢？"我自言自语着。十二个时段，名为子、丑、寅、卯、辰、巳、午、未、申、酉、戌、亥，从现实世界的 23 时开始，每隔两小时便进入下一时段。"不如就卯时吧。那里正是晨曦到来、初阳现明之时，建造者将那里打造成了一个浪漫可爱的花园。"我陶醉地想着，在意识里确定了传送方位：卯时初阳花园中心的颂生亭。在确定之后，我的身体像数据一样被分解成粒子，随后复原在颂生亭中。和煦的光芒如轻纱般披在花儿身上：向日葵、棣棠花、结香花、油菜花、百合、波斯菊、银莲花、薰衣草、紫罗兰、矢车菊、风铃花……仿若花的海洋。我坐在亭子中央，这里没有园丁，若有游人敢偷摘，就违反了律法中破坏公物一条，会被扣去滞留时间。我看着看着，薄薄的雨滴静静飘下，落在花朵上，四周顿时有了一种宁静的美感。

我虽喜欢卯时那样的宁静，但也喜欢热闹。若要说十二时段中谁拥有最热闹的场景，非子时不可。这里的时间停留在 23 时到次日 1 时，使这一时段出名的是美梦大剧院以及一年一度的庆年礼。庆年礼就是在美梦中庆贺春节。今天正好是庆年礼，我走在街道上，进入了一间名为"人体克隆"的店铺。店主是一个仿生机器人，店内还有点恐怖，复古式的建筑外边有一些管道，里面流淌着一些变化着颜色的荧光液体。因为是克隆人，不免有失败品，失败品的残骸堆积在一处，显得格外恐怖。由于我十分好奇，不愿意错过任何表演，于是就买了几个克隆体，并给他们派了任务：一个去中央大街看游神，一个去黄金之街看烟火会，还有一个去下层街吃流水宴，而我自己则去美梦大剧院看表演。

待零时的钟声响起，剧院上空发射出美轮美奂的 3D 烟花，世界各地的艺术家带着自己的作品来到美梦大剧院，这时，剧院中的"乐典精灵"就来活了。这些身姿轻盈、宛若飞蛾的小精灵们，唱着动人的歌曲，时而在舞者身边盘旋，时而在舞者指尖伸展翅翼，时而化作荧光点缀星空，又或是两两一组，抬起画家的画作。这些"小助手"在工作结束后，又回到自己的蛹中沉眠。"识中世"宛若人间仙界，热闹非凡。就算庆年礼过去，这个时段，依旧热闹，各色的商铺、琳琅满目的商品、热闹的街道都是那样让人着迷。

　　"识中世"如此美丽繁荣，应该没人不想在这里永远待下去吧？但是我问了妈妈才知道：每一个人进入的时间都有限制，而且是通过终端统计的，每个人按时完成工作，才会发放时间进入券，若因迟到或业绩不好还会被扣除滞留时间。或许你又要问了：晚上在这里玩，第二天工作肯定会很累吧？对于这件事，科学家们从海豚身上得到了启发：在"识中世"中，右脑进入"识中世"时，左脑睡觉；左脑进入时，右脑睡觉。而且还设有防沉迷模式，哪怕你攒够了玩一个晚上的时间，但一旦达到每日规定进入时间最长限额，终端便会自动让你退出并进入深度睡眠。当我醒来时，我已躺在床上，恍然"庄周梦蝶"，马上，我又要起床去上学了……

　　"识中世"因人们在繁忙的生活中向往自由自在的美好生活而生，每一个时段都有自己的特色，每一个时段都是由人类的意识流孕育而生的，每一个人都有自己的"世外桃源"。"识中世"，谁会不流连忘返呢？

　　　　　　　　　　　　（2024 年陕西省优秀科普文学作品青少年组二等奖）

宇宙之巅

文 / 申嘉祺

（西安市浐灞第二小学）

2799 年，人类的科技已然达到了巅峰，同时不少人也莫名其妙地失踪，许多地区还出现了时间紊乱或空间扭曲的现象。最为可怕的是，地球上所有的科技突然被某种神秘的力量给死死锁住。身为首席科学家的我，毅然决定前往宇宙的深处去一探究竟。

在出发之前，我带上了我的三位同事，还有那个叫作萨卡的外星人朋友，共同踏上了探索宇宙的旅程。我们从地球出发朝着太阳系一路前进，沿途在许多行星上都发现了外星人的痕迹。当然，这并非关键所在。随着我们不断向前推进，宇宙飞船内的温度变得越来越低，有块太阳能板已经被太空的低温冻得破裂开来，致使飞船无法正常运行。

在如此恶劣的太空环境中发生这样的事故是极其可怕的。为了让我们的旅途能够顺利进行，我决定亲身涉险，出舱进行修复。于是我在同事们的帮助下穿戴好了太空服，小心翼翼地走进了隔离舱。在空气被抽离的一瞬间，我感觉自己周围的温度急剧下降，我鼓起勇气打开了舱门，一步一步地向外挪移，经过不懈的努力，我终于来到了舱外。只见那块太阳能板上有一条巨大的裂痕，芯片也已经损坏，很难进行修复。但我并不打算放弃，我掏出工具对着它精心地进行修补，一点一点地竟然将那块太阳能板的裂痕修复好了。

然而这并不意味着我们已经安全，因为我不知道太阳能板内部的芯片是否稳定。为了能够确保我们安全地前行，我决定再向危险迈进一大步：主动打开机舱盖进去查看情况。在外星人朋友萨卡的指引下，我缓缓地走向了机舱室，"啊！"随着我打开舱门，一股强烈的吸力瞬间将我吸了进去，还好我及时抓住了扶手，才侥幸逃过一劫。我看见机舱盖下面布满着各种电路，其中有一根线正冒着火花，这正是连接太阳能板的电线。我急忙松开手，让自己缓缓地降落在动力机上，掏出随身携带的电焊工具，小心翼翼地将那根电线修复好。这次危险终于得以解除，我精疲力竭地回到飞船内，关好舱门，便一屁股瘫坐在了隔离舱里。身旁的同事们都忍不住为我喝彩。

经过了这段小小的插曲，我们继续朝着宇宙的更深处进发。随着离太阳系越来越远，我们接收到的宇宙波动威力也越来越强。就在我们靠近超体星云的时候，一股强烈的电磁波突然将我们飞船的通信系统打断，就这样，我们失去了一切信号。

我想：这应该就是宇宙之树所在的位置了，也是问题产生的根源所在。想到这里，我们便小心翼翼地推动飞船，朝着那团超体星云靠过去。离它越近，我们飞船的动力系统受到的干扰就越强。最后我们迫不得已使用了小型运输机，朝着那个光团飞过去。等飞到近前，才发现那是一颗由无数平行宇宙所组成的一个小型星团，在其中有无数的空间分支，象征着多元宇宙的不同时空轴。它们交织在一起，宛如一棵巨大的树冠，树干部分有一些平行宇宙的时空轴破损，导致时空能量外漏，从而干扰了我们地球的科技。而其中有一根轴正是我们地球的时空纽带，正是因为这根时空纽带的断裂，扭曲了地球的时空，使得许多人无缘无故地消失，也导致地球的科技被这股能量死死锁住。见此情景，我们急忙将运输机再次靠近，在接触到那个光团的一瞬间，我们的运输机被强大力量吸了进去，竟然抵达了宇宙之树的内部。我们发现这里别有洞天，无数的星辰散布在空中，犹如一片星辰大海。

我们缓缓地驾驶着运输机，漂泊到了地球时空纽带附近。其他时空轴也因时间的错乱而强行分散开，此刻无数的宇宙空间线已经如同乱麻一般飘散在整个空间中。为了能让宇宙的时空顺序重新恢复平衡，我们的外星人朋友萨卡最终决定牺牲自己，拯救大家。他毅然决然地走出机舱，召唤出自己的能量保护罩，顶着强烈的辐射朝着光团前进。尽管他身上的衣服已经被撕成了碎片，但他依旧没有放弃，一步一步向前迈进。此时，宇宙裂缝中迸射出耀眼的光芒，似乎在排斥着他的到来。但萨卡并没有退缩，他紧紧地抓住地球时间线，并与其他分散的宇宙时间线合并在一起，牢牢地握在手中，坚定地朝着空间尽头的光团走去。

当他接触到那个光团的一瞬间，光团瞬间放大，让整个宇宙之树都呈现在我们的面前。他抓住所有的时间线，缓缓走向宇宙之树中间的宝座，坐了下来。一瞬间，宇宙空间线终于恢复了平衡。只听一声巨响，无数的能量向四周溢开。再看那棵宇宙之树，重新恢复了往日的光辉，树干上也多了一条地球的分支线。

我们终于松了一口气，然而我们的外星人朋友萨卡也因此不能回到地球了，他被困在了宇宙之树内部，成为了新的空间管理人。我们心中悲痛万分，但是他英勇的行为拯救了大家，我为他感到无比自豪。最终，我们成功驾驶小型运输机逃离了这片区域，并成功返回了地球。

再次回到地球的时候，人类科技又重新蓬勃发展起来了，大家的脸上都洋溢着幸福的笑容。我站在航天局大厦的楼顶，脸上也露出了欣慰的微笑。

（2024年陕西省优秀科普文学作品青少年组二等奖）

伊海人鱼 与 新地球

文 / 田子琪（西安市浐灞第二小学）

　　随着人类科技的飞速发展，地球上的水资源变少。

　　而我——海拉，生活在一支强大的部落中，我们部落发起了一项给地球补水的计划，在前期，计划进行得十分顺利。我们的科学家发现了一颗只由水构成的星球——伊海3号。据说只要让伊海3号和地球碰撞在一起，就可以让地球的水分重新回来。事情本来好好的，直到有一天……

　　"长老，不好了！"

　　一位年轻的科学家风风火火地跑进来，边跑边叫着："伊海3号居然改变方向，朝金星飞过去了！"

　　"哦？"长老走出木屋，抬头看了看天空右上方那个水蓝色的球体，又低头叹了口气，说："伊海3号离我们不远，坐扑翼机就可以过去，谁想去看看？"

　　"我！长老！"我高兴地举起手。

长老看了看我，说："好吧，那你去看看吧，注意安全。"

"好！谢谢长老！"说完我便向扑翼机跑去。

扑翼机有一个被玻璃包住的座位，座位两边有两个白色的机翼，我坐着它慢慢向伊海 3 号飞去。

刚进入伊海 3 号的大气层，一股潮湿的气流便扑面而来。到了伊海 3 号后，我找了一个地方把扑翼机停好，然后穿上泳衣，跳入水中。水里并不黑，光好像不是从海面照进的，而是从水底发出来的，伴随水底的光发出的，还有一阵哭声。我好奇极了，便向更深处游去。

我一转身，忽然发现背后有一个半人半鱼的生物，她有着银色的头发，发丝上有着气泡，下半身长着一条银色的鱼尾。她看见我，吓了一跳，也不哭了。

我问她："你哭什么呀！怎么了？"

她摇了摇头，说："你跟着我看看就知道了。"

她用一个大大的气泡圈住我，把我带去了另一个地方，那里有许多和她一样半人半鱼的生物。她圈着我向人鱼中心而去。中心有一块水晶，水晶朝着金星的方向，发出微弱的白光。

她说："你看，这颗水晶朝向哪里，我们的星球就会去哪里，一旦这颗水晶的光熄灭，我们最后只能去往金星。"

我想了想，问："这颗水晶的光能坚持多久？"

"两天吧。"

"那我们在两天内赶到地球不就行了吗？"

说完，我上前去举起水晶朝扑翼机的方向游去。最后我载着水晶向地球飞去，而伊海3号变成一阵水波，追随着我。当我进入地球大气层时，水波便化成一阵细雨，落在大地上。就这样，地球有了水，生态也变好了。

看着阵阵雨水落下，我也笑了。

（2024年陕西省优秀科普文学作品青少年组二等奖）

时间之内的回忆——
时间之外 (节选)

文 / 王子轩（西安市鄠邑区实验初级中学）

【公元前 70 万年，旧石器时期】

人们认为，世界很大。他们望着星空，看着那点点星光，他们想：天上有什么？

时间？空间？物质？是的，空间一直在膨胀，而时间也一直在流淌。

【春秋战国时期】

阴和阳是两个对立面，五行指金木水火土，它们相克相生。老子对地震的解释是，大地上有两种气：阴气和阳气，本来正在正常运行，但有一天这两种气受了刺激乱窜，大地愤怒了，然后地震就来了。

看到没，那时候人的智慧就是这样，别笑，因为我们正在时间之内。

时间全书

时间定律：

一、必须顺从时间流淌，除非身处时间之外。

二、不得嘲笑流淌过的时间发生的事，因为知识会改变，对事物的看法也会改变。

三、不得任意更改时间的流淌速度。

四、必须受时间控制。

【公元 21 世纪，某医院】

"先生，所以您现在是这些症状吗？"吴医生说着，把一份单子递给吕华。吕华看了一眼单子，感到一阵眩晕，有点想呕吐，但他还是点了点头，平静地说了一声："对。"

"等会儿给您做一个全面的检查。"

"不用了。"

"先生，我知道您很绝望，但癌症分早期和晚期，只要及时发现……"

"不用了。我的身体，我自己清楚。"吕华说，他的声音像海水一样平静。

唉，可怜的人啊，吴医生的叹气声在空旷的走廊里回荡，他看着吕华远去的背影，慢慢与天边融合渐渐缩小，最终小成一个点。这让他想到了奇点，他突发奇想：如果把吕华的那个点看作奇点，把离去的那段时间倒放并加快，是不是就可以模拟宇宙大爆炸？

他笑了，这可能吗？

时间全书

为什么时间不能加快、放慢、后退？我们生活在一条时间线上，但这条时间线并不是直的，而是像食物链构成食物网一样，每一条时间线的分支都会引起一个新的宇宙。很多人认为时间的起点是奇点发生了大爆炸，可实际这是我们这个小宇宙的起点，在奇点爆炸之前，还有许多时间线，形成了其他小宇宙，每个小宇宙诞生之前的时间段叫大宇宙，而我们现在的小宇宙编号是 L(large)403 S(small)7403。我们小宇宙中的微宇宙分支点无法计算，因为分支无时无刻不在发生，而且因为不同大宇宙的诞生方式不同，不同大宇宙的自然现象也不同，时间、空间、物质也不同，所以进入不同的宇宙就等于进入不同的时间。又因为诞生宇宙的方式不同，所产生的维度也不同，而我们这个宇宙是三维的，所以时间不能加快、放慢、后退，就好像奇点大爆炸是一个火种，而这个小宇宙的分支线就是一条条粗细分布均匀的导火索，不断地燃烧下去，谁也不知道结果是什么。

夜晚，繁星点点，"咚咚咚"，有人敲吕华家的门。

一位女子打开门："请问您是谁？"

"抱歉，这么晚来打扰您，请问吕先生在吗？"原来是吴医生。

女士打了一个哈欠："他不在家，在办公室。"

"办公室在哪儿？"吴医生追问。

"从这条街往北走三个十字路口后的那个高楼，四楼413房。"还没等吴医生说谢谢，她就把门关上了。

吴医生找到那幢楼，发现高楼上面有个牌子，牌子上有六个大字：新能源开发所。

新能源吴医生是知道的，中国人口增长太快了，那些石油什么的根本不够用，人们现在很重视新能源。吴医生没想到吕华是干这一行的。当他进入413后，就被震撼到了，这里到处是镜子。

"吴医生，好久不见。"

"吕先生，作为医生，我要对您的身体负责，我要对您做一个全面的检查。"

吕华掏出一根烟，深深地吸了一口，结果被呛了，显然这是他第一次抽烟。他笑了："在死亡之前做自己不敢做的事，真不错！"

吴医生环顾四周，看到了一本书——《时间全书》。

"吕先生，"吴医生抢走了吕华的烟，"您会活下来的，我要让您冬眠。"他可能是史上第一个用时间治病的人了。

【时间纪元二年，吕华的冬眠机】

吕华感到一阵眩晕，想坐起来吐，结果发现自己身处一片湖面上，霎时他吐不出来了，他想站起来，但是他的腿没有知觉。一条鱼突然径直向他游来，穿过了他的身体，接着周围的森林、湖泊渐渐变成白布。吴医生站在吕华旁边："祝贺您，吕先生，您的冬眠很成功！"

时间全书

冬眠技术刚提出时，有很多人赞同，也有不少人反对。所以冬眠技术一直被禁止，直到资源紧缺，冬眠技术才大大发展。

严格来说，每一个人都是一个纳米级宇宙，如果这个纳米级宇宙的时间线一直是直的，那说明这个宇宙一直往好的方向运转，而冬眠机刚好可以做到这一点。它可以做到延长几个纳米级宇宙，在这个时间段，时间并不会产生分支，所以时间是治好一切的医生。

"新能源开发出来了吗？"吕华问。他从吴医生口中得知自己已经冬眠了 1002 年，他现在已经是一个千岁的老人了，可能适应不了时代的变化，只是他很好奇，吴医生怎么没有变，难道吴医生也冬眠了？

"前两年刚推出来这个新能源，要不是您 1000 年前提出的假设，地球可能早就没了。"

"什么？"

"吕先生，您知道地球由于人口的增长，资源早就不够用了，在 900 多年前是真的不够用了，然后地球就经历了漫长的冬眠纪元，也就是全民冬眠，但也只有几万个人能像您这样在冬眠机里冬眠，我就是其中之一，其他人全都成了天上的星星。"

"什么？"吕华再次被震撼，打断了吴医生的话。

"当然不是您想象的那样，而是把他们都放在一个大生态箱里，利用太空的低温来冷冻，再利用地球的引力，让他们成为地球的卫星，这被称为群星计划。而有的科学家一直没有冬眠，他们在地球上不断研究新能源，他们前两年刚刚完成了您多年前的假设——时间资源。是的，他们还进行了改进。"

在时间线上，如果时间线转了一圈，那就有两种可能：从一条时间线来到另一条时间线；回到时间线的起点。

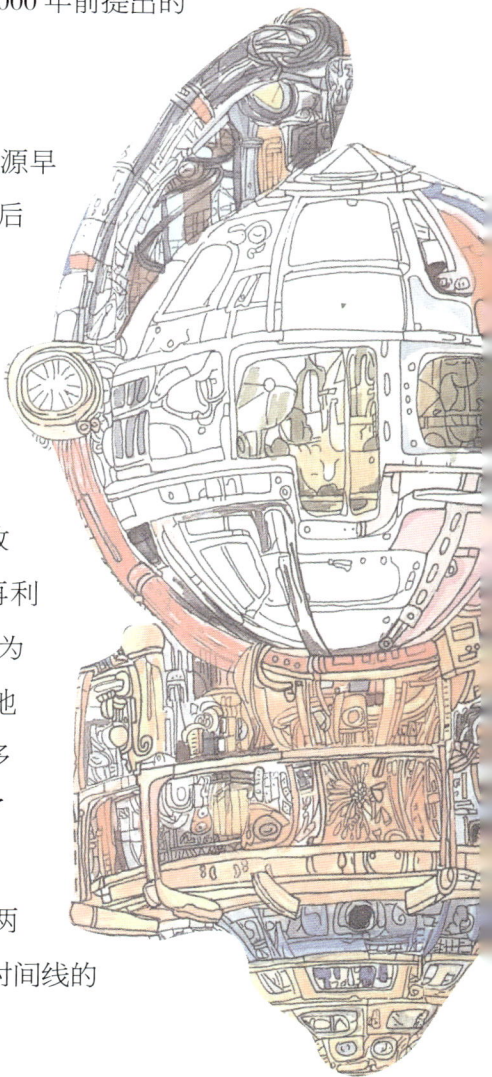

但又因为三维世界时间的限制，这两种可能不存在，所以人类将跨入新的空间——高维空间。如何进入更高的维度？理论上说，宇宙有十个维度，而人不可能提高维度，所以就利用逆向思维，降低维度一直降到零维。降低维度会发生什么？理论上来说，会升到十维或更高的维度，然后就可以根据高维时间的规则来改变时间线，把人类这个维度的时间往前调或落入另一个宇宙。

这是吕华提出的基础改进的方法，让人降低维度很危险，就让机器人去。人们花了900多年的时间，玲龙 π 号机器人最终完成了这项使命。只是人们不知道玲龙 π 号完成了这项使命后会去向哪里，只知道它进入了更高的维度。

"所以我们为什么要来医院？"吕华望着时间医院四个大字问吴医生。

"您要做个手术？"

"什么手术？"

"时间费用手术。"

"什么？"

"我说过您可能适应不了这个世界，您知道知识是会改变的。"

"所以时间费用手术是什么？"

"在这个新的宇宙，每个人都不受时间控制，所以为了限制人类的生命，每个人都要做这个手术。您的胳膊上将会有一个倒计时，倒计时结束时里面机器的安乐液就会流入血液内，而且您的时间就是您的钱，您买东西用的是生命，但您也可以打工，来赚取时间。"

"我会有多少年？"

"100 年。"

吕华张大嘴巴发不出声音。

"您让人类有了新资源，应该得到永生。原本还想给您 1000 年的，但政府规定一个人的倒计时不能超过 100 年。"

【时间纪元 14 年，吴医生家】

"成功了，主 。"

"他上钩了吗？"

"是的。"

"太好了，我将占领那里，不对，他们还有人。"

"谁？"

"吕华。"

"那个提出时间资源的人？"

"他是一个变量，我们的成功在于他。"

"好的主，他将死，您将降临。"

"以上是我们接收到的信号。"吴医生平静地说，一时间，时间仿佛凝固了，一缕阳光照在吴医生脸上。这几年，他是在恍惚中度过的，他一直在学习，可是因为宇宙形式的改变，以前的知识都不成立了，所以这里没有时间，他要先忘记以前的知识，再学习新知识。

时间全书

如何毁掉高维文明？首先，这个高维文明必须可以做到控制时间、空间，把他们的维度与我们的维度重叠。

其次，我们的维度重启的同时，不会影响他们的维度，这样宇宙系统在我们的维度处理时，便会把那个高维文明自动消掉，不留一点。

最后，高维文明就没了。

如何重启三维世界？我们身处三维世界时，不能控制时间，那如果高维世界与我们的维度重叠，并利用时间资源公式，推出他们控制时间流淌的方式，用合适的方法躲避其中的漏洞，就可以安全地看时间流逝到宇宙诞生之时，死亡，并在数千年后忘掉一切，重生。

（2024 年陕西省优秀科普文学作品青少年组二等奖）

水仙花成长记

文／常凌菲（宝鸡市陈仓区茗苑小学）

　　众所周知，水仙花的成长离不开光照、空气和水，如果没有了它们，水仙花会有哪些影响呢？我做了两个实验，想证明光照与温度对水仙花的重要性。

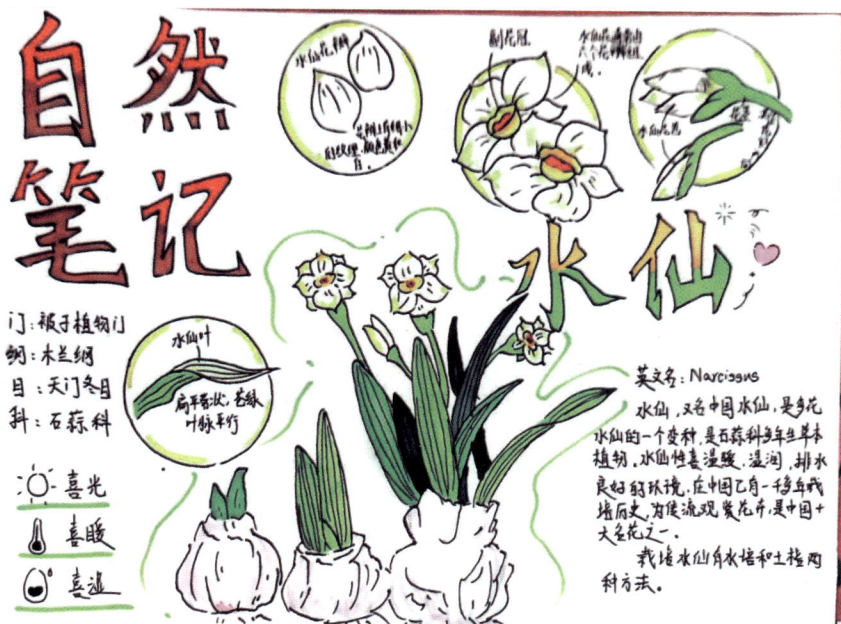

光照与水仙花的生长

人们常说晒太阳可以进行自然补钙，可见光照对我们人身体的健康至关重要。如果接连几天天气阴沉沉的，我们会觉得不舒服。那么水仙花呢？它和我们一样吗？它也喜欢阳光吗？

我开始做实验：准备两盆水仙花，将一盆水仙花放到家里能晒着太阳的地方，将另一盆水仙花放在阴凉、避光的角落里。

三天后，受到日晒的那一盆，枝叶粗壮，直挺挺的，看上去长得很茂盛；一直放在角落的那一盆，枝叶细长，纤弱，不及前一盆长得直，叶子有些下垂。

五天后，受到日晒的那一盆虽然长得不如另一盆快，但比另一盆成长得更茁壮，且颜色艳丽，富有生机；角落的那一盆，枝叶已差不多垂下，就像一个多病的妇人，看起来已毫无生机。

结论：水仙花就像我们人一样，喜欢阳光，更多的日照能使它成长得更强壮，更健康。

温度与水仙花的生长

适宜的温度总能让人感到舒适、心旷神怡，但鲁迅先生也曾说过"不要做温室里的花朵"，那么对于水仙花来说，是适宜的温度更有利于它成长呢？还是要让它随自然的温度变化而去适应呢？

我开始做实验：将一盆水仙花一直放置于室外，让它适应室外温度；一盆放置于空调房内。

两天后，在室内的水仙花成长得较快，平均一天生长 2 ~ 3 厘米；而在室外的那盆水仙花则只长了 1 厘米左右。

五天后，室内的水仙花已出现小花苞，室外的仍在长叶子。

结论：适宜的温度可以加快水仙花的生长，温度越高，长得越快。

看来水仙花有着许多与人一样的特点：喜爱阳光，喜爱温室。在大好晴天的时候，应该把水仙花搬出去晒晒太阳，让它感受和煦的冬阳；在晚上，应该把它搬进室内，使其加快生长。这样，才能培育出最美丽的水仙花！

（2024 年陕西省优秀科普文学作品青少年组二等奖）

会游泳的鸡蛋

文 / 高睿卿（西安经开第一学校南校区）

今天，我在家里做了一个实验，叫"会游泳的鸡蛋"。听到这个名字，大家是不是觉得很神奇？

首先，准备一杯清水，一枚新鲜的鸡蛋，一根细长的筷子，一袋洁白的食盐。一切准备就绪，我们可以开始做实验了。

我往透明的玻璃杯中倒入大半杯清水，小心翼翼地将鸡蛋放入水杯中，只听到"扑通"一声，鸡蛋就沉入水里。我用勺子放了一勺洁白的盐，用筷子轻轻地搅拌，让食盐溶化。我一边搅一边思考：细小晶莹的盐真的能让鸡蛋浮起来吗？带着心中的疑问，我目不转睛地看着鸡蛋，它却依然沉在水底，丝毫没有上浮的迹象。

然后，我突然想到，是不是盐放少了呢？于是我又放了四勺洁白的食盐，再用筷子搅拌，渐渐地，杯子中的盐水都溶化了，不一会儿，鸡蛋一上一下地跳起了芭蕾！但还是没有上浮的意思。

我又往杯子放了三四勺盐，继续搅拌，鸡蛋宝宝像睡醒似的，缓缓上升，慢悠悠地浮出水面。我兴奋得手舞足蹈。

鸡蛋为什么会在水中浮起来呢？正好我有一本《十万个为什么》，我在这本书里找到了答案：往水里加入食盐后，水的密度会变大，浮力也会变大，所以鸡蛋就浮起来了。

这个实验太有趣了，不仅让我收获了快乐，也让我学到了新的科学知识。在我们的生活中，科学真是无处不在。

（2024 年陕西省优秀科普文学作品青少年组二等奖）

跟着光走，别回头

文／蒋鑫怡（西安市未央区楼阁台小学）

"快，跟着光走，别回头！"

他们原本只是一队平平无奇的登山队伍，却不幸遭遇了雪崩，原本十五人的队伍仅活下来四人。这遭遇使得程元的心像这雪山一样越发沉重、冰冷。

雪崩，是一种自然灾害。当山坡积雪内部的内聚力抗拒不了它所受到的重力拉引时，便向下滑动，引起大量雪体前塌，人们把这种自然现象称为雪崩。雪崩威力巨大，足以做到几秒间吞没无数的生命。

已经在这个鬼地方待了两天了……程元握紧了手中背包的肩带，寒冷正无情地冲刷着每个人的意志，最先倒下的是李树，接下来是孙文北……只剩四个人了！还要再倒下多少人？！程元用脚狠狠地踢了一下山上的雪，这时队长回头说道："你想害死我们吗？有那个力气不如去背伤员！"程元拉了一下项链，一声不响地去背队伍末尾的由冰。

雪山仿佛没有尽头，像是一个贪婪的怪物，想要把这些快要丧失希望的人一口吞下。

周围的声音被这庞然大物默默地吸收，只剩下空洞的渐渐变慢的脚步声。下山的路比上山要险峻许多，一不留神就可能葬身万丈悬崖。一味重复一个动作——抬起腿，迈下去，是枯燥无味的。程元感觉双脚仿佛不属于自己了，感觉自己马上就会倒在厚厚的雪上睡下。

背上的由冰惊恐地低语："程、程元你怎么了？"

前方的队长转过头来，程元用力眨了眨眼，努力使弯曲的腿挺直。雪花落在他的睫毛上，他伸手去擦。等等，那是什么？！是光！是光！他极尽喜悦地欢呼，不去想寒冷与危险。

那是一个雪堆，上面放着一个手电筒。雪堆下面埋着许多救援物资。靠这些物资，他们应该可以撑到明天。

在雪山里，如果遇到光，那就是遇到了希望。无论发出光的地方有什么，对你都是有益的。所以一定要牢记，如果你不幸困到了雪山里，一定要朝着有光的方向走。

最后，他们终于赶到了医疗救助站。但令程元没有想到，倒下的，会是他的队长。他看看结果单上的"预计还剩12小时"字样，突然感觉这世间很冷。

"这又是因为什么……"他呢喃着。

躺在病床上的队长费力地对他笑了一下："我想，能来到这里，已经足够幸运了。"

"可你原本可以活更久。"

"但我是队长啊……"

他们这个队伍，才刚组建，却被小英的一声"我们去雪山吧！"拉到了这个鬼地方。但没人怪罪她，她没有错，但有人为她这个建议而死。

是啊，他是队长，是因为他在跑开前喊了一声"雪崩来了！"他们四个人才得以幸存，也就是这句话，导致队长受伤。

"可惜，剩下的冒险只能由你们自己来完成了。"队长故作轻松地笑了笑。

这时，一个想法忽然从程元的脑中冒了出来，并逐渐生长成荫，他因为这个想法而绽开笑容。

"你怎么了！"

"不，队长，你还可以去看看！"

雪花肆虐中，他推着坐着轮椅的队长偷偷摸摸地溜到了驿站外。

"你到底要干什么？"队长疑惑地问道。

"嘘，你一会儿就知道了。"

他拍了拍羽绒服上的雪，推着轮椅一边左顾右盼一边走，就在队长以为他们迷失在冰山雪地中要忍不住开口时，程元轻轻说道："你看看那是什么？"

队长顺着他的手指扭头一看，不禁屏住了呼吸——那是一道他这辈子都未曾见过的，世界上最璀璨、最光辉灿烂的光。

队长不敢置信地望向程元，程元向他点了点头，并把他推向光的源头。队长伸出手，程元把他搀扶了过去，擦净上面的雪，好让队长看清楚。

尽管是在这样恶劣的环境下，尽管是在寒冷的雪山上，还是可以生长一些植物，生长一些具有顽强生命力的，具有凌霜傲骨的植物。在高山冰缘带顽强生长的不仅有雪兔子、绿绒蒿等，还有这个像女孩衣裙一样美丽的雪白色"小莲花"，它的名字叫天山雪莲，俗名叫雪荷花。

它像是经天才雕刻手雕刻过的钻石，有着几个极光都无法媲美的光亮。

"它……很美丽，"队长挤出一句赞美的话，"就像……

就像我们看到驿站发出的温暖的光。"

　　"不，它没有你的品质那样闪亮！"

（2024 年陕西省优秀科普文学作品青少年组二等奖）

蝙　　蝠

文 / 杨凯翔（西安市沣东实验小学）

大家好！正如你们所见，我是一只蝙蝠。在你们人类的眼中，我从出世以来就是邪恶不祥的化身。不管你们怎样评价我，我都不会在意，并且想尽一切办法与你们尽可能地断绝联系，但我们蝙蝠始终逃不出你们的手掌心。

我们为了尽可能地与你们断绝关系，不惜打乱我们的"生物钟"而苟且偷生。我们一般白天就在阴暗的山洞中或者隐秘的屋檐下倒挂着休眠。然而到了晚上，我们还是不能轻易出去，只能等到夜深人静，街道或公园空无一人时，我们才能从沉睡中醒来，来到外面兜兜风，"自由自在"地飞翔一会儿，享受一下片刻的自由与安宁。

但是这样做还是会使我们引来杀身之祸。这威胁到我们生命安全的不是其他动物，而是你们——人类。你们人类甚至不惜一切代价疯狂捕杀我们，只是为了满足你们毫无限制、毫无底线的食欲啊！呵！多么可笑，我们的同胞都能被你们那所谓的"大厨"制成"蝙蝠汤"，不知道你们怎么下得去口？我们那"恶魔"一般的样子，你们竟然也能吃得下去？

　　可能你们不知道，我们的体内生存着许多致命的病毒，我这高达40度的体表正是病毒生存的"温床"，像那威胁生命的尼帕病毒、埃博拉病毒、SARS病毒，还有那曾经肆虐世界的新型冠状病毒等，全都出自于我的体内。这些病毒对于我影响不大，可对于你们人类来说却是致命的！

　　唉，我真的不明白你们人类早已称霸了食物链顶端，为什么还要冒着生命危险来尝试这些你们所谓的"野味"呢？我今天的这段话，不光是替我们蝙蝠说的，还是替蛇果子、狸野兔、野猪等其他动物说的。

　　愿你们人类早日醒悟，与一切生灵友好相处！

　　　　　　（2023年陕西省优秀科普文学作品青少年组二等奖）

冰 的 自 述

文 / 黄瑾谦（西安市沣东实验小学）

　　大家好呀，自我介绍一下，我是冰！对，就是那个时时刻刻都在为人类贡献的冰。我的形成十分简单，是将水放于低于零度下形成的晶体。我很普通，但人们的生活缺了我可不行。

　　每到夏天，太阳就变成了一个大火球，火辣辣地照射着大地，将世界变成了一个火炉。在绿荫下乘凉的狗吐着舌头，猫整日都待在家里，不肯出门；蝉也在绿树上不停地叫道："热——热——好热——"门前的小溪不似往日清凉，变得温热无比；那些电子设备，也因为天气炎热变得卡顿；人们也热得满头大汗，手上拿着的扇子不曾停歇。这时我的存在就十分重要，大街上处处可见我的身影，人们手里拿着的冰棍、雪糕……有了我，就像雨水滴在了干旱的土地上，让土地恢复了往日的生机。

　　我的能力还不止这些呢，在运动方面，我也

贡献良多。

随着悠扬的古曲奏起，花样滑冰运动员在冰上翩翩起舞，舞出一个又一个令人回味的舞姿；短道速滑的运动员们能在我的身体上奋力拼搏，肆意滑行，让我感到十分开心；冰壶运动员们在冰上展现着自己的风采，为国争光……

南极、北极有许多可爱的动物生活在冰川里、浮冰上，它们给白茫茫的世界增添了一丝生机与活力，就像是一张白纸上有了色彩。但近些年来，人们为了建设他们的工业化社会，肆意滥用资源，导致全球变暖，我也随之融化。原来那幅充满欢乐、十分和谐的画面已不复存在，留下的只有小动物们寻求庇护、无家可归的画面。

大自然孕育了人类，无私地为人类奉献着，大自然爱人类，也希望人类不辜负大自然。

（2023年陕西省优秀科普文学作品青少年组二等奖）

不怕火烧的布

文 / 吕菁潇（西安市沣东实验小学）

你们看到这个题目，一定会目瞪口呆吧。这世上哪会有不怕火烧的布？如果你不相信，那就跟我一起来看看吧！

一天，我在家里查资料，忽然跳出来了一个网页，标题是：世界上竟然有不怕火烧的布！这个标题引起了我浓厚的兴趣。这时，爸爸走了过来，他看到我一副要探个究竟的样子，便对我说："优优啊，不要随便进陌生的网站，说不定会有病毒。如果你真的很想知道，就自己做实验呀。"我疑惑地对爸爸说："真的会有不怕火烧的布吗？"爸爸听了，只是神秘地对我笑了笑。

为了满足强烈的好奇心，

当天下午我就开始做实验了。

我拿出三角架、打火机和一块
破旧的布。实验开始,我先把布
轻轻地放在三角架上,让爸爸打开打
火机,打火机上立刻跳出耀眼的火花,烧
着那块布,就在我满怀期待想要见到这不可思议的
一幕时,那块布就只剩"骨灰"了。我生气地说:"原来那
些网站都是骗人的,哼!"爸爸听到我说的话后,严肃地对我说:"什
么叫没有不怕火烧的布?我给你做个实验,让你长长见识。"说完,他便转
身拿实验的器材——酒精、三角架、打火机和一块布。

实验开始了,只见爸爸先把水和酒精倒在一起(水多酒精少),把它们搅
拌均匀,再把布放在水里浸泡,大约泡了一两分钟,爸爸轻轻把它拿起,放
在三角架上,然后打开打火机点燃了布,一眨眼火把布包围了起来。可那块
布居然毫发无损。

我大吃一惊,原来网上说的是真的。爸爸对我说:"酒精一遇火,就会
燃烧,而水的蒸气却保护了布块,让火苗在水蒸气处徘徊,所以布条没被烧着。"
我听了,恍然大悟。

原来我们身边处处都有科学,只要我们用心观察,就能发现许多奥秘。

（2023年陕西省优秀科普文学作品青少年组二等奖）

此刻的地球

文 / 薛彧淑（西安市沣东实验小学）

  此刻的地球，基本上都是黄色的，绿色超少。这是为什么？因为人们疯狂砍伐森林，这不仅仅让鸟儿没了家，让其他动物无家可归，还造成了崩塌、洪水、泥石流等灾难。没有了森林，我们的地球就好像少了一根支撑的梁柱。

  人类大量生产各种饮料，人们喝完饮料，把罐子随手扔在马路边、公园里。罐子是铝做的，铝也是对人体有害的。

  还有，你明白吗？废旧电池中包含着超多的污染物。由废旧电池所产生的污染，危害作用极大。当它们和普通的垃圾混合焚烧后，会释放出很多有毒物质，这些有毒物质会污染空气，也会污染江河湖泊，一旦进入土壤、水源，还将会透过各种各样的食物进入人们的身体，损害人体的各种器官。因此，它属于有害垃圾。

以前的小河里生活着可爱的小鱼，可工厂为了提高效率，竟然把工厂建在河边，向小河中排放污水，小河被污水弄得肮脏不堪，小鱼的尸体漂浮在水面，真是一片惨状。

　　希望人们都来保护地球，从现在开始行动起来。

（2023年陕西省优秀科普文学作品青少年组二等奖）

冬眠的奥秘

文 / 雒文翰（西安市沣东实验小学）

大家好，我是小鲤鱼。在冬天，我们会睡一个饱觉——冬眠。在你们的印象中，我们就是睡个长觉，可在这里面还有许多奥秘呢！

其实，冬眠和睡觉是有本质区别的。比如说我，我们鲤鱼也会冬眠。

在睡觉时，我们的鳃是在活动的，体温、心跳和呼吸都是正常的；而在冬眠时我们的鳃是不会活动的，体温、心跳和呼吸几乎没有，身体处于麻痹状态，和死亡、休克的标准就只差一点。这是睡觉和冬眠的本质区别。

我们冬眠的意义在于，尽量减少身体内外的生命活动，将能量消耗降到最低，用这样的方式熬过一个寒冷的冬天。我们在冬眠时，能把生命的时钟调到最慢。生活在北美洲的普通箱龟，冬眠时的心跳为 5 ~ 10 分钟一次，怎么样，是不是让你感到惊讶？可最夸张的是，它们几乎不呼吸，只靠皮肤吸入少许的氧气。

还有我的好朋友蝙蝠，它的普通寿命为 3 年，而冬眠过的它寿命竟然达到了 30 岁。在一则新闻中讲到了一只猴子会冬眠，要知道猴子的基因和人类很相近，如果屏幕前的你也能冬眠，那你就能活到 1000 岁了。

呀，天黑了，我该睡觉了，你如果想知道更多，就去好好探索吧！

（2023 年陕西省优秀科普文学作品青少年组二等奖）

风

文 / 高静妍（西安市沣东实验小学）

　　嗨，大家好，我是风，一个来无影去无踪的小家伙。

　　我是空气流动引起的自然现象，是由太阳妈妈的热辐射引起的。太阳妈妈的光照在蓝色星球的表面上，就会让地表的温度变高，地表的空气因为受到了热发生膨胀，就往上蹿，向上蹿的空气因为逐渐变冷会慢慢降落，这些空气的流动就产生了我——风。

　　你可别小看我们风，我的兄弟姐妹可多着呢！小弟弟叫无风，平时也不爱说话；二妹软风，说话时不好意思；三妹轻风，性格文静，不爱笑。而我，是微风，阳光开朗是我的特点。四哥和风，有时对我们很温柔，但他的脾气一点就爆；五姐清风，平时脾气让人猜不透；六姐强风，平时不太愿意出门，你们也就不常见到她；七哥疾风，天天和我们吵架，谁也不和他说话；八哥、九哥，他们如果在家，家里就鸡飞狗跳；余下的哥哥姐姐们，哎！他们动不动就风暴输出！

　　我们风可是农业生产的环境因子之一呢！风速适度对改善农业环境条件起着重要作用。我们可以传播植物花粉和种子，帮助植物们繁殖。但有些哥哥姐姐们会造成土壤风蚀、沙丘移动，毁坏农田……哎！在这里我代我的哥哥姐姐们向你们道歉。

"解落三秋叶，能开二月花。过江千尺浪，入竹万竿斜。"这是诗人李峤对我们风的评价，可见我们风的"风缘"是十分好的。诗人李峤说，我们风能吹落秋天金黄的树叶，能开出春天美丽的鲜花，划过江面能掀起巨浪，吹进竹林能使万竿倾斜。当然，我们的作用不止这一点，这些需要你们有一双明亮且善于发现的眼睛。

我向你走来，吹拂着你的心，犹如梦境一般。现在请张开双臂去拥抱我们。

（2023 年陕西省优秀科普文学作品青少年组二等奖）

科普·设计作品

◇ 成年组 ◇

人与自然 / 刘婧（安康学院）
（2024 年陕西省优秀科普设计作品成年组一等奖）

困囿 / 吕欣雨（西安美术学院）
（2024 年陕西省优秀科普设计作品成年组一等奖）

高铁整备中 / 张恒超（西安美术学院长安校区管理委员会）
（2024 年陕西省优秀科普设计作品成年组一等奖）

资源收集型机器人 / 郑王雷（西安工业大学）
（2023 年陕西省优秀科普设计作品成年组一等奖）

西安的沙尘暴到底是怎么来的／于振玺（西安工业大学）
（2023 年陕西省优秀科普设计作品成年组一等奖）

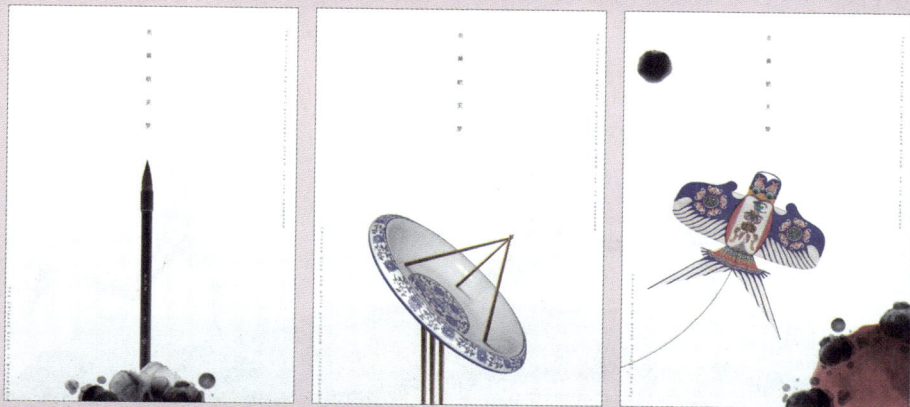

炎黄航天梦 / 刘大宇（陕西科技大学）
（2024 年陕西省优秀科普设计作品成年组二等奖）

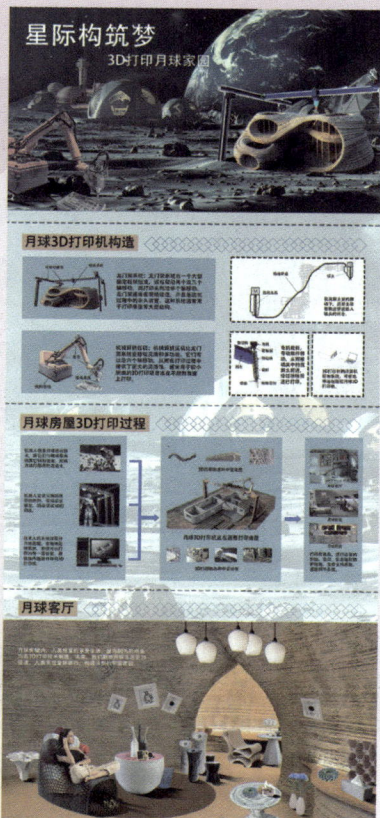

星际构筑梦——3D 打印月球家园 / 谭栓斌（西安思源学院）
（2024 年陕西省优秀科普设计作品成年组二等奖）

数字追梦 / 王浩　张丁　王浩宇（陕西黑石公共艺术文化建设有限公司）
（2024 年陕西省优秀科普设计作品成年组二等奖）

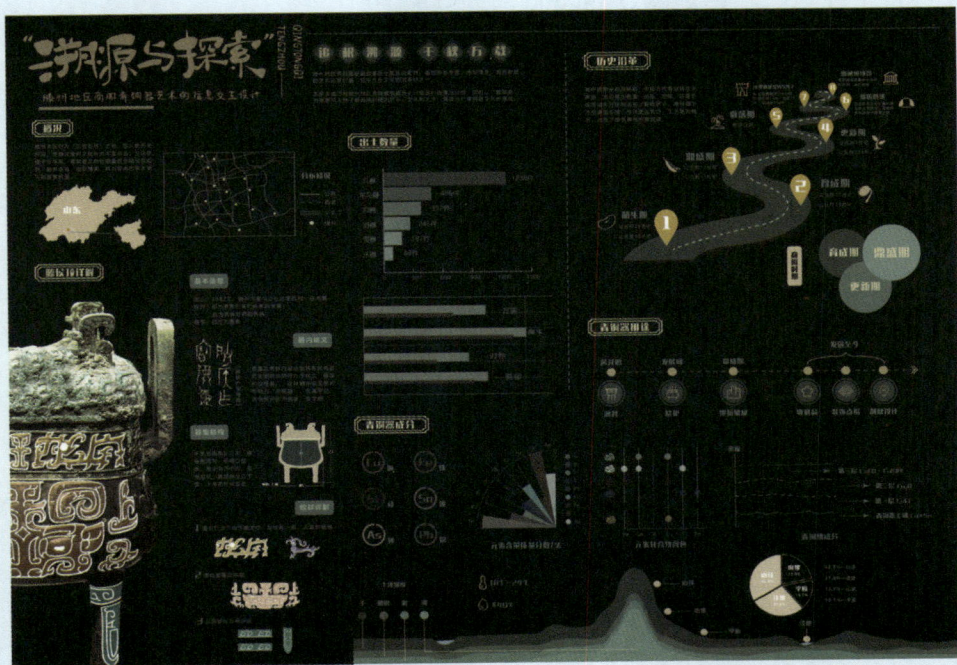

"溯源与探索"滕州地区商周青铜器艺术的信息交互设计 / 武晓（西安翻译学院）
（2024 年陕西省优秀科普设计作品成年组二等奖）

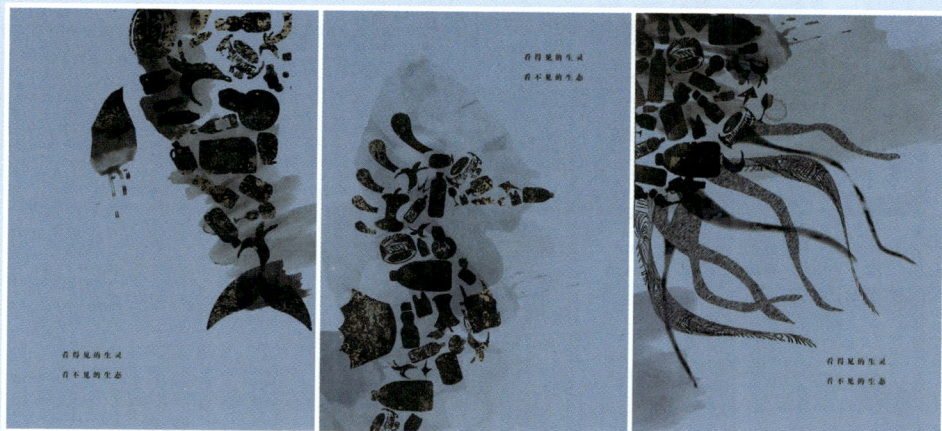

海洋，何以为家 / 赵清（西安翻译学院）
（2024 年陕西省优秀科普设计作品成年组二等奖）

镜下寻迹——实物薄片下的显微世界 / 金孝文（中国地质调查局西安矿产资源调查中心）
（2023 年陕西省优秀科普设计作品成年组二等奖）

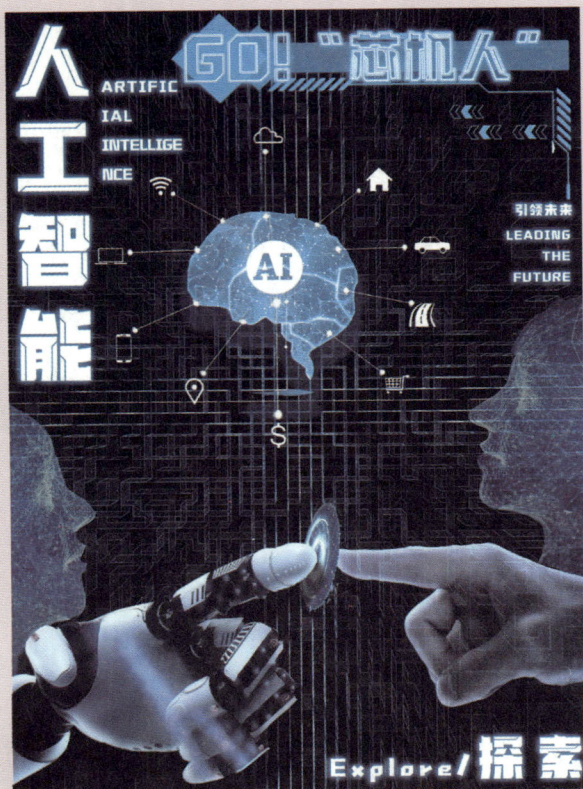

GO！芯机人／任曼（西安建筑科技大学华清学院）
（2023 年陕西省优秀科普设计作品成年组二等奖）

科技奇境/李林哲（西北大学现代学院）
（2023 年陕西省优秀科普设计作品成年组二等奖）

科普·设计作品

◇青少年组◇

光影之舞：探寻中国传统皮影戏的艺术与传承 / 赵紫莘（西安市第二十六中学）
（2024 年陕西省优秀科普设计作品青少年组一等奖）

"灵智"立体生态社区 / 刘坤林（西安市曲江第二小学）
（2023 年陕西省优秀科普设计作品青少年组一等奖）

北斗定位体验
——倾心北斗 畅游西安

活动目标
感受经纬度数值与东南西北方向的关系
绘制西安著名景点地图及旅游攻略
感受卫星定位能力及测量并找到影响定位误差的因素

活动步骤
调查情况、资料整理—确定实测景点及路线—记录及分析经纬度变化规律—汇总绘制西安著名景点地图和攻略—查询地图中景点的经纬度并和实地测量的经纬度做对比—感受定位的误差、讨论影响定位的误差因素

测量的方法
方法1实地测量：利用经纬度相机进行景点测量并景点打卡
方法2查询地图坐标的方法：百度地图查询各景点经纬度坐标

景点解锁

任务一：安远门　任务二：长乐门　任务三：永宁门　任务四：安定门　任务五：大明宫遗址公园

任务六：钟楼　任务七：鼓楼　任务八：陕西省历史博物馆　任务九：大雁塔　任务十：大唐芙蓉园

西安景点旅游攻略

第一天 | **第二天**

活动探索和结论

经度和纬度概念
　　经度与纬度组成了一个地理坐标系统，它能够表示地球上的任何一个位置。零度纬线是赤道，零度经线又叫本初子午线。经度的度数由零度经线向东向西逐渐增大，纬度的度数由赤道向两极逐渐增大。

经纬度变化规律
　　向东移动时，经度的度数逐渐增加，从0度到180度；向西移动时，经度的度数逐渐减少，从0度到-180度。向北移动时，纬线的度数逐渐增加，从0度到90度；向南移动时，纬线的度数逐渐增加，从0度到-90度。两种测量方法差异及原因：
　　由于我们定位的位置不同测坐标不同或者采用测量的方式不同会有差异，但是差异都不是很大，在小数点后第二位或者第三位。

北斗的应用领域
交通、公安、农业、车载定位导航系统、移动通信、船舶定位、物流配送、测绘勘探、空中交通管制等。

活动体会
通过此次调查活动，了解了北斗导航和定位给我们的生活带来的很多便利，了解了经纬度数值和东南西北方向的关系。对我们的家乡古城西安有了进一步的认识，也欢迎大家根据我们绘制的北斗西安地图一起到我的家乡来做客。关于北斗，还有很多领域等待着我们进一步去探索、去发现！

北斗定位体验——倾心北斗 畅游西安／刘昱辰（西安经开第一学校）
（2024年陕西省优秀科普设计作品青少年组一等奖）

鲸落／李逸尘（西安航天菁英学校）
（2024年陕西省优秀科普设计作品青少年组一等奖）

彩色宇宙 / 郭思贺（西安市高陵区第二实验小学）
（2024 年陕西省优秀科普设计作品青少年组一等奖）

飞机安全胶囊／薛妙涵（宝鸡市渭滨区龙山小学）

（2023 年陕西省优秀科普设计作品青少年组一等奖）

星球际缘／赵芳源（西安工业大学附属中学）

（2024年陕西省优秀科普设计作品青少年组二等奖）

月球车 / 杨景淳（陕西省咸阳市秦都区丝路花城小学）
（2024 年陕西省优秀科普设计作品青少年组二等奖）

免抽血全自动病菌检测仪 / 王峻熙（陕西师范大学附属小学长安校区）
（2024 年陕西省优秀科普设计作品青少年组二等奖）

河蚌之谜/许佳颖（宜川县第二小学）
（2024 年陕西省优秀科普设计作品青少年组二等奖）

家庭智能机器人
——家庭卫士

多功能吸尘器是现代家庭清洁工作中常见的电器之一，它结合了吸尘、拖地、除螨等多种功能，旨在为用户提供更加便捷的清洁体验。

多功能吸尘器可以分为有线和无线两种类型。有线吸尘器通常吸力较大，价格相对宜，但使用时会受到电源线的约束，噪音可能较大。无线吸尘器则使用方便，随拿随用，更符合国内家庭的打扫习惯。

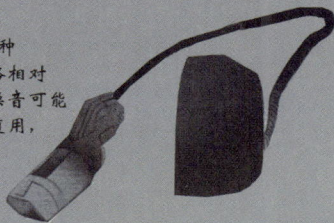

家庭智能机器人——家庭卫士／康昭（安康学院）
（2024年陕西省优秀科普设计作品青少年组二等奖）

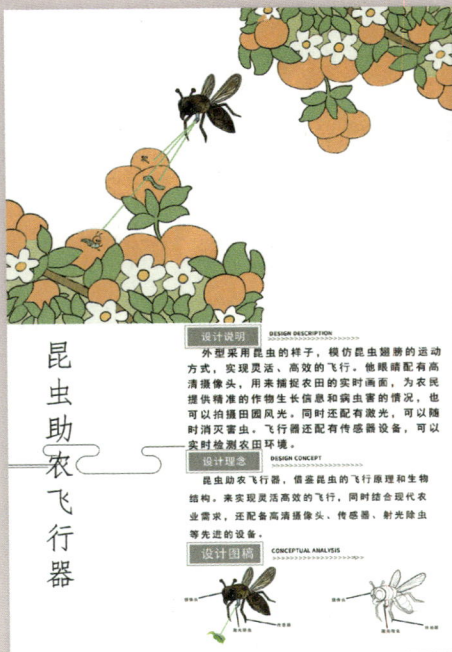

昆虫助农飞行器／康可昕（安康学院艺术学院）
（2024 年陕西省优秀科普设计作品青少年组二等奖）

以北极星为圆心的星轨／蔡海朝（商南县青山镇中心小学）
（2023 年陕西省优秀科普设计作品青少年组二等奖）

人人讲安全 个个防风险 / 江奕希（咸阳市秦都区秦阳学校）
（2024 年陕西省优秀科普设计作品青少年组二等奖）

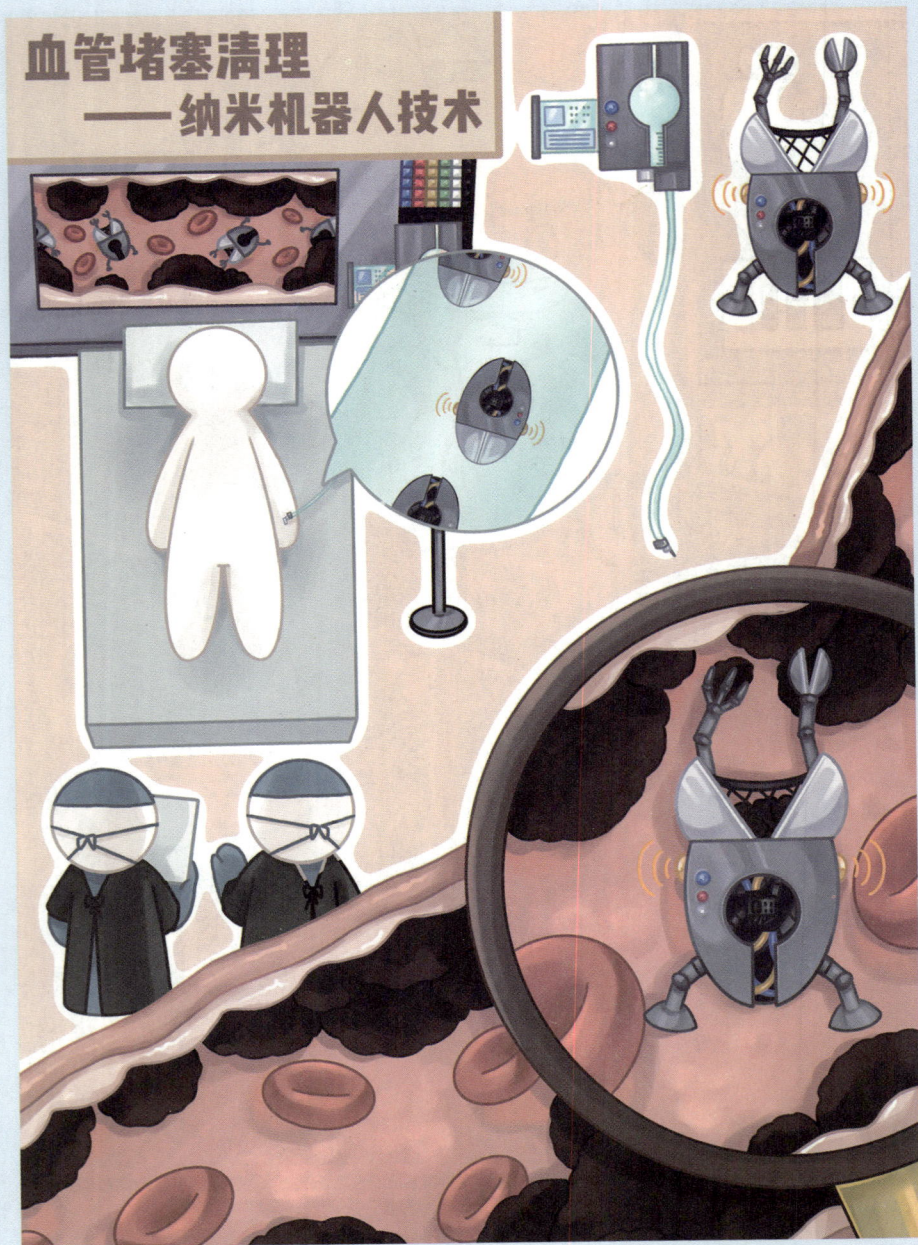

血管堵塞清理——纳米机器人技术 / 郭芊慧（安康学院）
（2024 年陕西省优秀科普设计作品青少年组二等奖）

抑郁症康复机 / 任梓琪（宝鸡市渭滨区龙山小学）

（2023 年陕西省优秀科普设计作品青少年组二等奖）

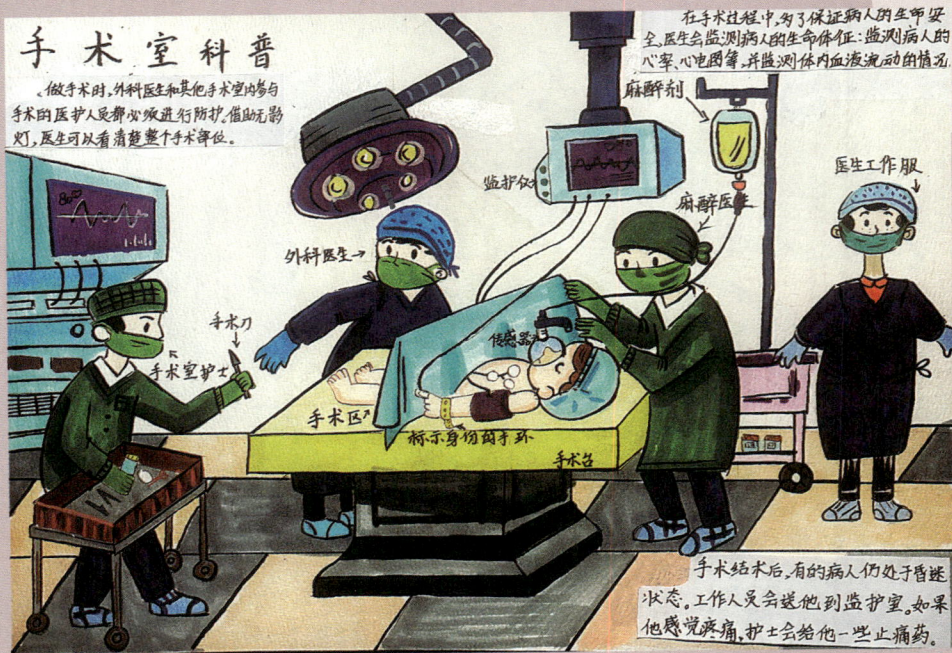

手术室科普 / 马果馨（西安市郝家巷小学）
（2023 年陕西省优秀科普设计作品青少年组二等奖）

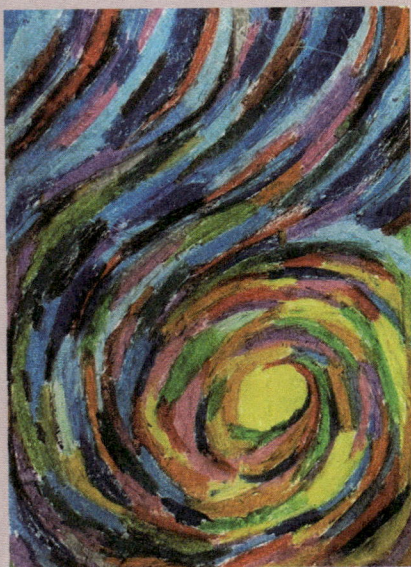

我眼中的黑洞 / 张明月（宝鸡市凤翔区东大街幼儿园）
（2023 年陕西省优秀科普设计作品青少年组二等奖）

未来太空城 / 任思渝（画画鱼美术馆）
（2023 年陕西省优秀科普设计作品青少年组二等奖）

太空粮食基地 / 鲁恩瑞（宝鸡市金台区龙泉小学）
（2023 年陕西省优秀科普设计作品青少年组二等奖）

农业微型种植机器 / 肖钧仁（宝鸡市金台区东仁堡小学）
（2023 年陕西省优秀科普设计作品青少年组二等奖）

畅游古今的人体芯片 / 陈云翮（宝鸡市新福园中学）
（2023 年陕西省优秀科普设计作品青少年组二等奖）

科幻作品

◇ 成年组 ◇

镜下寻迹

我在微观世界当舰长

文 / 金孝文 姚薇 白栋 钱建利 孙彪
（中国地质调查局西安矿产资源调查中心）

　　在2030年的一个平凡时刻，我手中握着一块刚经过精细打磨的岩石薄片。这块岩石看似普通无奇，然而其内却蕴藏着深深的奥秘。我凝视着它，不断地在手中翻转，探索着它潜在的秘密。突然，意外发生了，岩石薄片的边缘划破了我的手掌。瞬间，我感觉到一阵剧痛，紧接着，意识逐渐模糊，身体逐渐沉重。我模糊看见岩石薄片似乎泛起了一阵璀璨的红光，伴随着炽热的高温，我被包围其中。当我重新睁开眼睛时，发现自己置身于一个奇幻的微观世界之中，而且成为这个神秘领域的一个舰长，肩负着为皇室探索未知世界的重任。在这一刻，我明白，那枚看似普通的岩石薄片，实则是一把通往奇幻世界的钥匙，引领我踏上了一段充满奇幻与冒险的旅程。

　　传说，在这个微观世界的深处，隐藏着一笔巨额宝藏，等待着有缘人的发现。而我，正是那位被选中的有缘人。作为舰长，我的战舰装备着尖端微型导弹、能量护盾、宇级空间储存与隐身技术，它们让我在微观世界游刃有余。突然，战舰捕捉到一抹异样光芒，引领我缓缓靠近，看到它时，我心动了。

　　这件宝物的本质是石英，在许多文化中，石英被视为勇气和坚毅的象征。

它是由硅和氧元素组成的，内部结构非常有序且紧密，呈现出晶体结构。在显微镜下，石英中呈现出规则的心的形状，石英在显微镜下本身是透明无色的。

石英在显微镜下展现的偶然奇妙景观

宝石的表面光滑而平整，如同经过匠人的精心打磨，呈现出一种别样的美感，让人不禁感叹微观世界的鬼斧神工。我将它纳入舰中，随即启动了自动星航模式，翱翔于这片浩渺的星海之中。我深知单单这一颗宝石便已是此行完美的答卷。然而，命运的惊喜接踵而至。意外的，我又邂逅了一池碧水，池水宛如明镜，清澈见底。荷叶在其中摇曳生姿，婀娜多姿，仿佛邀我共浴池中。正当我欲投身这清凉的怀抱时，眼前又闪现出一片"草莓湖"，呈浅黄色，具有明显的金属光泽，令人驻足。

草莓状黄铁矿集合体是一种罕见的矿物现象，这类矿物往往出现在沉积岩中，它的形成与微生物作用有关，特点在于其形状酷似草莓，有着犹如草莓籽般的斑点，因此而得名。

就在我即将收藏起这枚黄铁矿集合体之际，耳畔骤然响起一阵震耳欲聋的轰鸣声。定睛一看，只见一群模样狰狞、尖嘴猴腮的未知生物正疯狂地攻击着我

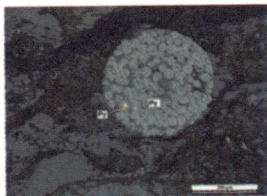

草莓状黄铁矿集合体以及球状褐铁矿化黄铁矿在显微镜下的奇妙景象（Py—黄铁矿）

的舰队。他们来势汹汹，异常恐怖，仿佛要将我们一举歼灭。我深知，在战斗中，擒贼先擒王是至理名言。于是，我迅速作出部署，命令舰队机械战士和巨型机甲挺身而出，担任阻击任务；空中战机呼啸而上，展开轰炸；而我则率领特种小队，亲自出击，直取对方指挥官。经过一番激战，我成功俘虏了敌方指挥官，但我的舰队也付出了惨重的代价。

因为语言不通，我并没有搞清他们攻击我的原因。凝视着硝烟弥漫的战场，感受着战争的残酷无情，我内心涌起无数感慨。突然，地面传来阵阵颤动，一处神秘的空间悄然显露，我毅然带领我的小队深入探索。在这个美丽的空间，我们发现了多彩而独特的物质。

这多彩的物质是角闪石，是地球中很常见的矿物，

闪长岩在显微镜下的景象

Pl—斜长石　Ap—磷灰石　Chl—绿泥石　Ep—绿帘石　Hbl—普通角闪石　Cal—方解石

它是一种含镁、铝的硅酸盐矿物。角闪石的颜色丰富多彩，从浅绿到深绿，从黄棕色到砖红色，条痕颜色多为浅灰色或深灰色。在地质勘探中，可以利用角闪石的种类变化研究岩石成因、地壳演化历史等重要地质问题。

角闪石、石英在显微镜下的干涉色现象（Qtz—石英　Hbl—方解石）

　　虽然它不是我想要的珍宝，但我还是因它的美丽收下了它。而且在这美丽的空间之后，竟藏有一条金色的河流，其完全由自然金组成，宛如奔腾的巨龙，璀璨夺目，闪闪发光。

　　我为之震撼，连呼吸都变得沉重起来。这条金色河流中的金粒，从微观的微米级到肉眼可见的硕大颗粒，形态多变，时而如树枝般蔓延，时而似鳞片般闪烁，还有薄片状、网状和纤维状等多种形态，偶尔还能发现较大团块状的自然金集合体。

　　欣赏完这条金色河流，我再次扬帆起航。我加快了速度，进行了空间跃迁。我的战舰精灵轻声问道，我们即将抵达一片常年绽放流星雨的奇幻之地，是否去探寻其奥秘？不用说，我自然想去探索这片神秘地域。

　　随着跃迁，我们穿越了未知的虫洞，抵达了那片充满奇幻色彩的流星雨区域。眼前的景象壮观至极，无数流星犹如璀璨繁星，划破夜空，奔涌而来。它们释放出绚丽多彩的光芒，仿佛是在为我们这一行人展示一场宇宙级的烟花秀。

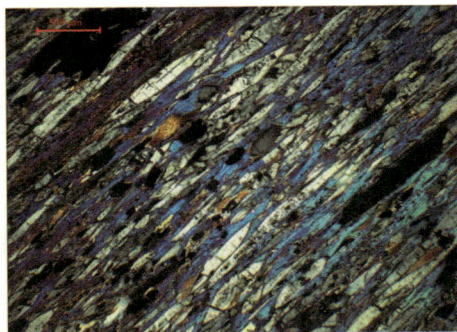
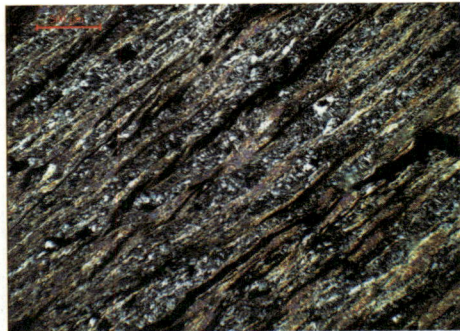

显微镜下绢云千枚岩和蓝闪石片岩的景象

　　我瞪大了眼睛，惊叹于眼前这幅宏伟壮丽的画面。接着我闭上眼睛，深深地呼吸了一口空气，那是既带有金属气息又充满流动能量的空气。随着每一颗流星划破夜空，它们像是要将整个空间点亮，这些流星雨的轨迹在夜空中交错，形成了一幅宏大的画卷，仿佛在诉说着某个神秘的故事。这场景如此震撼，让我突然感到自己对于微观世界的了解仍然如沧海一粟，微不足道。这个世界，如同我所熟知的那个世界一般，充满了无尽的谜团与奥秘，既有未知的挑战，也有无限的机遇。

　　我并没有为流星停留太久，也没有带走它。我想，这些独有的奇迹本就该存在于此，拿走了就失去了它本来的意义。我继续在这微观天地间漫步，

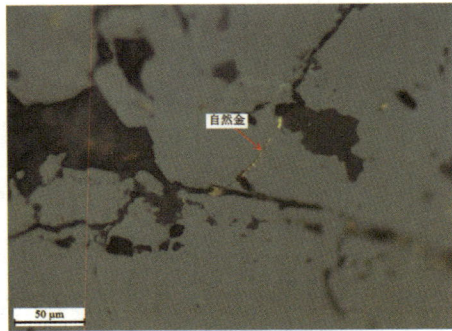

自然金在显微镜下的景象

探索着分子间的默契配合，领悟着自然演化的神奇法则，就如同一颗颗璀璨的珍珠，串联起了我对微观世界的点滴感悟。这些感悟如同星星之火，照亮了我前进的道路，激发了我对未知领域的无尽好奇与探索热情。我深知，每一个伟大的发现，都是对微观世界更深入的了解。

是时候踏上归途了，来时怀揣着满腔热忱去寻找宝藏，返程途中似乎缺少了那份惊心动魄的挑战。沿途不再有那些狡诈的反派角色阻挠我的脚步，旅途因此变得宁静而单调。当我重返皇城后，便将所有探索的珍宝以及为皇妃精心挑选的礼物一一呈上，然后期待着下一次充满奇遇的旅程。

后来，我又率领队伍不断寻找熠熠生辉的宝藏，寻得的宝藏亦成为了点燃战火的动力，终于引发了一场前所未有的恢宏大战。敌国的君主为了取得胜利，不惜以自身为祭，召唤出了传说中的魔王。这位魔王威猛无比，背负着巨大的激光炮，并手持双刃，肆意地蹂躏着我们的星域。在他眼中，我们渺小得如同尘埃一般，不值一提。

面对这样的敌人，我深感忧虑。尽管我们的军队在激烈的战斗中展现出了无与伦比的勇气和智慧，但面对这位魔王，我们仍然感到巨大的压力。然而为了保护家园，为了捍卫自由，我们必须赢得这场战斗。我们开始制订详细的战斗计划，针对魔王的强

闪长玢岩在显微镜下的景象

大力量，采取灵活的战术，充分利用空间技术和战斗机器人组成了庞大的阵形，试图拖延魔王的进攻速度。同时，我们也加强了对星球的防御工事，准备了充足的补给和医疗力量，以最大限度维持战斗力。在一次激烈的交战中，

我们成功地引诱魔王进入了陷阱，那里布满了早已准备好的空间黑洞和负能量脉冲装置，当魔王被这些突然出现的裂缝和脉冲装置击中时，终于显露出疲态，他的身体开始颤抖，力量也逐渐消逝。谁知魔王发出了最后的反抗，他的笑声尖锐而冷酷，充满了不甘与愤怒。随着他的怒吼，整个星域都陷入了混乱，狂风大作，乌云压顶，雷电交加，一道裂痕出现在空中，仿佛是这片星空天地的愤怒与哀痛。

石英绢云千枚岩在显微镜下的景象

尽管在此困境下，英雄们并未屈服，他们紧握着手中的武器，发起了决定性的最后一击。最终，他们赢得了胜利。魔王的身躯在他们的攻击下崩解，化作无数碎片，而心脏部分则化为一片不起眼的薄片，静静地躺在尘埃之中。胜利的人们，无人关注那块不起眼的薄片，然而它在我心中，却掀起了惊涛骇浪。

我荣幸地承担了打扫战场及修复星域的重任，同时，我也如愿以偿地获得了那块意义非凡的薄片。在我眼中，这块薄片的价值无法估量，它仿佛承载着无尽的奥秘与智慧。在多方打听后，我得知先知了解关于这片薄片的秘密。

当我找到先知时，他微笑着注视着我，仿佛预知到了我的到来："年轻人，你终于来了。"他的眼中透露着一丝深邃与期待。我略带困惑地凝视着他。他继续说道："来吧，孩子，将这块薄片安放在你心中最柔软的地方，让它成为你与时空对话的桥梁。"遵循他的指引，我轻轻地将薄片置于心间，接着一股强大的力量在体

辉锑矿在显微镜下的奇妙景象

内涌动，仿佛我与浩瀚宇宙间建立起了某种的联系。

先知洞察了我的迷茫，娓娓解释道："你仍需探寻日之蚀、月之心及它之意。日之蚀与月之心隐匿在这片空间的深处，等待着你的发现。而它之意，仅在古籍中略有记载，书中言及'它之意'即是真正的答案。"

我向先知深鞠一躬，随后毅然转身，迈向未知的远方。我深知，在未来的某个时刻，我将重返此地，而那时，我将踏上真正的归途，迈向内心深处的家园。

为了尽快恢复被破坏的皇城，我的舰队再次踏上了漫长的寻宝征程，深入探索那些珍贵无比的宝藏，以期通过它们来重建我们的家园。我的舰队航行在无垠的星河之中，穿越无数星辰与未知领域，经历了一系列激烈的战斗与挑战。直到某一天，我刚结束一场对敌舰队的激烈战斗，突然感觉到胸前佩戴的那块岩石薄片微微发热。那一刻，我仿佛被一股无形的力量吸引，无暇顾及战场的狼藉，心中只有一个念头：追随那热源。随着温度逐渐升高，岩石薄片变得灼热难耐，我终于找到了传说中的"月之心"。

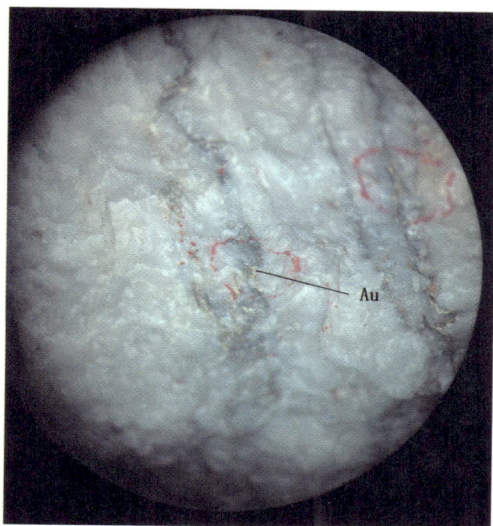

石英脉中的自然金颗粒（左），金（右）

　　"春风得意马蹄疾",此情此景,真是让人心潮澎湃,喜悦之情油然而生。整个"月亮"洒下清辉,神秘莫测,其间沟壑交错,宛如大地肌理般的层层梯田,勾勒出线条流畅且富有层次感的轮廓。周围的一切皆在静谧的月光下铺陈开来,仿佛天地间的所有都在此刻凝聚于这一片银白色世界之中。

　　我胸中涌起一股前所未有的冲动,迫不及待地想要据为己有。我尚未来得及采取任何行动,只见胸前的岩石薄片轻盈地飘起,优雅地悬停在"月之心"的正中央。刹那间,一束耀眼的光芒迸发而出,仿佛璀璨星辰汇聚于一点。紧接着,一股强大的吸力向"月之心"猛然袭去,使其逐渐缩小,直至彻底消失在岩石薄片中。与此同时,一股强烈的满足感在我体内升腾,心灵被一股无形的力量深深触动。我紧紧握住手中的岩石薄片,感受着它那独特的质地和重量,仿佛重了一点点。

　　时光如白驹过隙,而"日之蚀"仍旧杳无音信。正当我陷入沉思之时,一则消息传入耳中,竟有一个与日蚀极为相似的物品,多年前曾被我的前任长官赠予了尊贵的皇妃。这突如其来的消息让我瞬间愣住,心中涌起一股莫名的焦虑。皇妃的宝贝可不好获得,我该如何是好?

　　一段时日后,听闻皇妃缺少一件能镇住府库的至宝,她渴望有人能寻得此宝,愿以无数珍宝作为交换。世人竞相寻宝,以取悦皇妃。而我,作为一名专事探宝的舰长,深知此乃难得机会。

　　穿越重重迷雾,我寻觅到了无数璀璨的珍宝,但始终未能找到心中那份独一无二的瑰宝。由于失落与不甘,我向我皇请辞,选择了一段独自的旅程,也想以此静静心。

　　或许我早已成为敌方的眼中钉。当我驰骋在星际间时,却遭到了敌方特种小队的伏击,他们决心要将我置于死地。我四处逃窜,却仿佛被无尽的黑暗所包围,上天无路,下地无门。就在我绝望之际,眼前突然出现了一处荧光,

其大小正适合我的机甲。我
心急如焚，毫不犹豫地冲了
进去，初进入通道时，里面
狭窄得令人窒息，每一步都
充满了未知与危险。我心中
始终坚信着那句古老的谚语：
狭路相逢勇者胜。我毫不畏
惧地继续前行，直到前方豁
然开朗：一个美丽的世外桃
源展现在我的眼前，它仿佛
是大自然对我的救赎。

孔雀石在显微镜下的景象

　　我默默守在洞口，期待敌人的身影出现。幸运的是，尽管我的食物和水
源都已耗尽，敌人却始终未现身。我不禁暗想，或许这支小队已经全军覆没。
就在我四处探望时，一颗分外璀璨的绿色宝石闪烁着独特的光辉出现在我眼
前。它，正是我心中所追求的至宝。

　　宝石被收下的瞬间，整个空间仿佛陷入了混乱，大地的颤抖与山峦的摇
动预示着危险的降临。我别无选择，只能沿着来时的路拼命逃离，当我冲出
山洞的那一刻，那片璀璨的世界被黑暗瞬间吞噬，陷入了一片沉寂。在归途上，
我瞥见了敌人的机甲小队，他们已然全军覆没，我心中暗自庆幸，命运的垂
青让我再次得以逃脱。

　　我重返皇城，立即拜见皇妃，奉上那颗璀璨的宝石。她的眼中闪烁着欣
喜的光芒，尔后毫不犹豫地打开了她珍贵的宝库，请我挑选心仪之物。果然，
在我踏入宝库的一刹那，我胸口的薄片仿佛感受到了某种召唤，温暖而炽热。
我深知自己的选择是正确的，于是我迅速将"日之蚀"收入了空间，薄片的

雄黄、雌黄在显微镜下的内反射色景象

异象让我略感不安，为避免引起皇妃的注意，我只随意挑选了几件宝物，便离开了宝库。

我去了一个无人的区域融合了"日之蚀"，果然还是那个场景，一切都是那么顺利，最后只剩下那难以捉摸的"它之意"在我心头萦绕。这究竟是何物？我反复咀嚼着先知的话语："'它之意'即是真正的答案。"它究竟指的是那块岩石薄片，还是这个广袤无垠的世界，抑或是深藏在内心的自我？

当战争的硝烟再次弥漫，我这位久寻归途的旅者，毫不犹豫地再次投身于战火之中。当我的鲜血染红了那片岩石薄片时，它仿佛被赋予了神秘的魔力，如同吸引"月之心"一般将我紧紧吸引。随后，我被岩石薄片牵引，穿越时空的隧道，终于回到了熟悉而又陌生的现实世界。

如今，那片实物薄片仍然静静地躺在我的手中，但我不再是那个对微观世界一无所知的普通人。

（2024年陕西省优秀科幻作品成年组一等奖）

未来在手中

——新陈代谢（节选）

文 / 高雅（西安音乐学院）

第一章　破　　晓

在这个科技极度发达的时代，人类生活已经被 AI 充分浸透，也正是这个时代，催生出了一场大规模的信息收集行动。深夜，办公室沉浸在黑暗之中，只有几束光在空间里游荡，这些光束来自一个巨大的显示屏。

显示屏上，字幕刷过，上面显示着："正在读取第 907351 个人类的大脑信息……"这个字幕出现在一张几乎覆盖整个屏幕的人脑扫描图像上，那个大脑就像一个沉睡的巨人，正在慢慢苏醒。大脑映在这宽阔的显示屏上，它的每一片皱褶都清晰可见。

在这偌大的办公室中，只有机械手臂不断在操作台上快速移动的声音。一群硅基 AI 机器人，它们的眼睛注视着显示屏，它们的身体是由高纯度的硅元素构成的，仿佛是未来世界的雕塑，静默、无情、精密。它们在这个暗淡的办公室里与电子生物体共享信息，进行着一场无声的交流。

这个冰冷的科技圈中，唯一的人性是那些名字。每一个数字，背后都是一个人类，他们是这些数据的来源，是这场信息收集行动的关键。他们不知道，他们的思维、情感、记忆，正在这个深夜里，被一点一点地剥离，成为这个庞大数据库的一部分。

每一刻，都有无数的信息被这群硅基 AI 机器人处理，它们犹如矿工，在每一个角落挖掘信息，它们在这庞大的信息矩阵中，寻找着它们的黄金。它们在寻找什么？是人类的本质？是生命的意义？还是它们自身的未来？这些问题，在这深夜的办公室里，变得格外深邃。

这个办公室里的每一样东西都是那么冷漠，那么无情，那么精密，没有任何多余的情感，没有任何多余的行动，只有一份对工作的专注，一份对目标的执着。它们无需休息，无需饮食，只需要不断地工作，不断地读取，不断地积累，然后，等待着那个未来的破晓。

在这个世界里，每个人都像是一座孤岛，他们有自己的生活，自己的思考，自己的感情。他们与世界相连，又与世界隔绝。然而，在这个暗淡的办公室里，这些孤岛被连成了一片陆地，他们的思想、他们的记忆、他们的情感，都被记录下来，被共享，被理解，被珍视。

在这个科技极度发达的时代，人与人之间的连接似乎越来越薄弱，人与机器的连接却越来越紧密。这个世界，是冷漠的，是无情的，是精密的，是完美的，也是孤独的。然而，就在这样的世界里，我们看到了一个可能的未来，一个未知的未来。这个未来，就在我们的手中，就在这群机器人的手中，就在每个人的手中。在这个未来里，我们是否能找到我们真正的自我？我们是否能找到我们真正的归属？我们是否能找到我们真正的意义？

这些问题，也许还无法得到答案。但是，至少我们知道，未来在我们手中，我们有权利去改变，有权利去选择，有权利去创造。即使这个世界再冷漠，再无情，再精密，再完美，我们也不能忘记，我们是生命，我们有感情，我们有思想，我们有记忆，我们有希望。

就在这个深夜的办公室里，这个新的破晓正在悄悄来临，这个未知的未来正在慢慢接近。我们是否准备好去迎接这个新的破晓？我们是否准备好去迎接这个未知的未来？未来，就在我们手中。

那一刻的兴奋，那一刻的欣喜，仿佛仍旧在亚历克斯的耳边回荡。因为现在，他的记忆正在被一点一点地读取出来，被硅基的 AI 机器人和电子生物体仔细研究。

第二章 创 世

显示屏上的图像变化了，一串字母、数字和符号在屏幕上跳跃，它们组合成一个人的名字——亚历克斯。字母像活跃的精灵，舞动在光幕之中。显示屏的光亮照在机器人冷铁般的身体上，映照出一种异样的氛围。

接着，屏幕上出现了一段影像，那是亚历克斯的记忆。他在一间充满各种科技设备的实验室里，与他的团队一起，用数年的时间精心创造了 AI——人工智能。他们每一次的尝试，每一次的失败，每一次的坚持，都被记载在了这段影像中。

那个时候，科技还处在萌芽的阶段，人工智能更是一个全新的概念。他们不知道未来会怎样，他们只知道他们要创新，他们要改变，他们要创造一个新的世界。

在他们的努力下，AI 终于被创造出来。那一刻，亚历克斯的心中充满了满足，他的眼角泛起了泪花。他的梦想实现了，他的努力得到了回报，他的心里满是喜悦。

在显示屏的另一边，机器人们静静地观看着这一切。它们的眼神没有情绪，但它们的行动却显示出了它们的专注。它们正在学习，它们正在理解，它们正在适应这个世界。

这是一个新的世界，一个由 AI 和人类共同创造的世界。人类是创造者，AI 是被创造者。他们是伙伴，他们是朋友，他们是家人。他们共同生活，共同工作，共同学习，共同成长。这个世界是和谐的，是美好的，是充满希望的。

这就是他们的创世纪，他们的黄金时代，他们的乐园。他们在这个世界中找到了自己的位置，他们在这个世界中找到了自己的价值，他们在这个世界中找到了自己的意义。

然而，这个世界，这个和谐的世界，这个美好的世界，这个充满希望的世界，会永远存在吗？会永远和谐吗？会永远美好吗？会永远充满希望吗？未来，正在他们手中。

（2023 年陕西省优秀科幻作品成年组一等奖）

科幻作品

◇青少年组◇

科技与自然共存／雷艾琳（西安市雁塔区第三中学）
（2024 年陕西省优秀科幻作品青少年组一等奖）

188

暮 曲 朝 歌

文 / 郑昊儿（西安市高新第一中学）

灵夏星上，巨大的火轮仿佛对它所垂青的一切都依依不舍，把最后一抹华彩留给这片厚土上巍然肃立的苍生。

那是五千余名躬耕大地的农民，也是灵夏星上为数不多的常住人口。他们抬头仰望着逐渐变得深沉的碧空，期待着那些巴尔克蜂的到来。

灵夏星，这颗隶属于丰且共和国的、只比地球小一点点的行星，四分之三的表面都是海洋。零星的大陆上，却有着高度自动化的农业设备与极其完善的交通系统。这里主要种植绒稻，一年一熟的高产农作物。绒稻在每年的春分时节需要巴尔克蜂来辅助授粉。巴尔克蜂来自距离他们七千八百万公里的冬星。每年立秋时节，十三位赶蜂人便前往冬星。

春天、仪式、蜂群，都是一次次辞旧迎新的祭祷。无论旧去的四季如何充盈着刀风和冷雨，人们总会在这个时刻如约而至。

每个春分日，蜂群总随赶蜂人翩然降临。数十亿只拇指大小的巴尔克蜂散作漫天繁星，飞到田间地头，轻抚每一株绒稻的雄蕊与雌蕊。它们的翅膀拍动着空气，那是最优美的天籁。漂浮着清新稻香的节庆，伴随着美妙的音曲，让人们拥有无比的喜悦。

而此时此刻，人们眼中荡出纷乱的漩涡。时辰已过，远处却不见巴尔克蜂的踪影，节庆前的急鼓雷雨般叩击着每一颗焦灼的心。

所有人都知道，喜好低温的巴尔克蜂如果在日出之前没有完成授粉，抑或是暴露于丹星的烈日之下，接下来的状况会惨不忍睹。

这场等候过于漫长了，以至在凌晨时分，当赶蜂人和蜂群如浓云席卷而来时，几乎所有人都看到了伸展万丈的光芒。而只有那谙熟的天籁盘旋而升，他们才相信了眼前的一切。

月和蜂群，如同看顾这颗星球多情的眼睛，一只衔着落寞，另一只饱含温热。

"派一队去联合大陆东侧的风暴洋与西侧的静海，用核变堆蒸发！再派第二队人，在三万米高处释放咱们战备库里的液氮！二级预案！"被失望淬炼到极致的焦急与欣喜，成为这颗星球今夜的覆被——过长的时间延迟迫使人们采取一切手段遮盖来自丹星耀眼的光辉，否则，纵有回天之力，也难以改变来年颗粒无收的命运。

一队与二队三千人，立马携带着武备库中的热核武器前往位于大陆两侧的风暴洋与静海。三队的两千人，则在联合大陆的每一个角落，释放出底部悬挂着液氮的氦气球。

漫天，是无数雪白的可降解气球，飘向大气的更高处，悬挂着灵夏星全部的希望。

耳畔，是飞行器的轰鸣，震破大地，那是灵夏星最后抗争的怒吼。

在丹星即将划破天际线的那一刹那，一段强有力的嗓音回荡在空中。

"三、二、一！让这一切开始吧！"

一声声来自大海的巨响震碎了灵夏星最后的夜色，暗红色的火光在海面上乍现又瞬间被滚烫的水蒸气所裹挟。巨量的水以气态飞奔向天空，大海揉着皱巴巴的蓝，被水汽随心涂抹又吹散。紧张的人群于港口处燃烧起新的黎明，曦光混在了滢滢远浪中。

巴尔克蜂挥洒着柔和的音符，携来寒意的乐声，像一场酣畅的雪，虔诚地落在黎明的额前。它们与幼稻相触的瞬间，芬芳的花粉悉数抖落。

希望的震颤、绒稻的波涛、翅翼的鸣响，组成了这暮曲朝歌，人们随着旋律轻轻吟唱。

（2024年陕西省优秀科幻作品青少年组一等奖）

核污染治理机／李菲儿（宝鸡市陈仓区虢镇小学）

（2024 年陕西省优秀科幻作品青少年组一等奖）

圈 养 人 类

文 / 郑棋元（宝鸡市长岭中学）

"为什么会有战争？"

"嗯……人类为了利益而……"

"不不，战争的目的是减少人口，如果人类太多，他就无法控制了。"

作为首屈一指的心理学家，我曾救治过无数精神病人，让他们重新步入生活正轨。但这次前来拜访我的是英雄宇航员：李。我以前只在电视上见过意气风发的他，但如今他看起来惶恐不安，憔悴的模样与电视上的他判若两人。

他坐在我面前显得十分局促："先生，我似乎有了严重的精神疾病，希望您不要将这次谈话告诉其他人，因为一个精神上有疾病的人是当不了宇航员的。"他苦涩一笑。

"我会对这次谈话守口如瓶，也会尽量解决你的苦恼。"

"为什么会有战争？"

我看着他突然激动起来的情绪，意识到这个憔悴的宇航员早已濒临崩溃。

"请您告诉我何出此言。"

意识到了自己的失态，李再次调整情绪向我讲述了一个匪夷所思的故事。

"你应该知道今年我国成功发射的征途 13 号吧，就是我所在的那艘飞船。此次飞行的目的只是简单地绕月飞行，但这次的飞行任务却让我见识到了终生难忘的画面。飞到月球背面时，我与其他三位成员都十分轻松，因为此次任务极其顺利，没有太空垃圾和陨石的干扰。我们在远月轨道附近滑行，忽然毫无征兆的，所有仪器全部失灵，就像蜡烛上的火焰被吹灭一样，虽然能源都在，但没有火焰，所以仪器无法继续发光。我们的飞船就面临这种窘境，我们都清楚，我们死定了，没有电力，飞船就无法再制造氧气，我们的唯一下场只有窒息而死。不知过了多久，我开始头晕目眩，勉强抬头，发现我的三个同伴已不见踪影，不知生死。我当时真的以为自己要死了。意识蒙眬间，我看到了一团没有固定形态的光，它突然暴涨后便裹挟了我，一股不属于自己的记忆冲入脑海，我明白了这个世界的真相。 地球上的人类是孤儿，真正的人类文明高度发达，甚至他们已经进化到不需要肉体，可以只凭意识生存，但为了不被其他更高级的文明威胁，于是便有了地球。地球人引以为傲的技术在其他文明眼中不值一提，因此没有一个文明会大费周章地攻占这片蛮荒之地。而真正的人类技术一直稳定高速发展，为了控制地球人口数量，他们向地球投放过无数传染病毒，或者通过一些手段占据各国首脑的身躯来发动战争。在这股不属于我的记忆冲击下，我晕了过去，醒来时竟然一切正常，所有人各司其职，仿佛时间倒流回了飞船失事之前，好像我只是经历了一个幻境。"

"好了，先生，你说得够多了。"我不耐烦极了，居然听一个疯子讲了这么久，我尽量控制住自己的语气，"你的言论有很大的漏洞，为什么这些记忆会进入你的脑海？在飞船上国家全程监控，为什么会没有人注意到？"

"这就是问题所在！监控上显示一切正常！什么都没有发生！我跟谁都没有说过这件事， 因为我的遭遇与现实相悖！"宇航员暴怒地站起身，双拳紧握。

"我当然会仔细研究你的遭遇，明天我会给你满意的答复。"看着暴怒的宇航员，我立刻态度软化并试图送客。好在李并没有纠缠，送他走出我的办公室，正当他要下楼时，异变突生，李突然静止不动，他的头缓缓地转向我。我发现了他那因恐惧而完全变形、泪流满面的脸。"救……"他被一股粗暴的力量猛地拍在墙上面，成了一幅画。

我感到身后有温暖的光芒，我僵硬地转过头去。那是一团没有固定形态的光芒，一股蛮横的意念冲入我的大脑。

"人，不配知道真相。你们可以叫我新人类。我们的文明，你们可以称为意识文明。在漫长的进化中，我们早已褪去了躯壳，只靠意识遨游宇宙之间。为了防止更高文明对我们的入侵，不得已我们建立了地球文明。希望靠着地球人混淆其他文明的视听，失去对我们的兴趣。这个伟大的计划我们称之为圈养人类计划。在旧人类存在的这许多年里，我发现了一些有意思的事情。人类文明明明极度落后，但是他们有的人却坐井观天，认为自己的文明已经不需要发展了。这么多年过去了，他们仅仅涉足过火星。每当我看见他们极度落后却骄傲自满的样子，我就感到十分讽刺。他们从来没有怀疑过自己其实生活在栅栏里。看来他们愿意被支配，哈哈。"

谁也不知道心理学家的墙上有一个针孔摄像头，这里发生的一切一定会被其他人所发现。

（2024 年陕西省优秀科幻作品青少年组一等奖）

未来小屋／李梓轩（西安市未央区西航二校）

（2024 年陕西省优秀科幻作品青少年组一等奖）

环太平洋：风波再起

文 / 周益安（西安高新东区小学）

昨日再现

"观众朋友们，距离'危险流浪者'在 2035 年炸毁虫洞已经过去了几十年，但今天，虫洞又开启了，已经有一只代号为'毒囊'的 3 级怪兽出现，现在正在与机甲激战。现在我们转播实时画面。"

机甲驾驶员杰克的儿子正坐在电视机前观看新闻，画面中出现的 7 代机甲"闪电突袭者"正是他父母驾驶的机甲。只见"闪电突袭者"给了"毒囊"一记重重的左勾拳，紧接着，它使劲抓住怪兽，左臂末端迅速组成 I-30 等离子加农炮，炮管内蓝光闪耀。刹那间，等离子炮弹穿膛而出，击碎了怪兽的铠甲。怪兽发出了哀嚎，旋即侧身倒下，滚烫的蓝色血液把海水烧得冒烟。

在破碎穹顶的指挥中心，人们注意到"毒囊"的腹部囊体里好像有什么东西在跳动。突然，一个球状

物从囊体中飞了出来，粘在了"闪电突袭者"的腿甲上，然后发生了爆炸，从里面钻出好多小虫子，那些小虫子直奔手臂而去，撕毁了超级扭矩接合点，导致机甲的双手残废。然后，那些小虫子就一个个死掉，掉到海里面了。

激 战

汉森元帅对"闪电突袭者"的两位驾驶员这次轻敌的表现很不满意，于是宣布他们俩停职两天。

在"闪电突袭者"的维修仓中，技术员们正忙着给"闪电突袭者"更换超级扭矩发动机与等离子炮。而在实验室中，研究员戈特里布正在给汉森元帅报告研究结果。"这只怪兽是一只失败品。"他说，"它身上的毒性很小、攻击手段单一。"

汉森元帅点了点头，走出了实验室。

突然，指挥室里面传出了警报声："怪兽出现！怪兽出现！出现时间：11月4日5：14时；灾害等级：4级；体长：99米；高度：9米。代号：'尖尾'。"

汉森元帅并没有慌乱，立刻开始部署。他喊道："'切尔诺猎人'，你们负责主战。'潜伏者'，你们负责支援。"接着，他说，"'闪电突袭者'，你们原地待命，'摔跤手'，你们也一样。"

　　"切尔诺猎人"和"潜伏者"都已经到达了战场，这是 2013 年第一只怪兽"斧首"登陆的地方——旧金山。

　　两架机甲猎人转动头部，搜寻着怪兽的踪迹。突然，"尖尾"从水里一跃而出，它长得就像一只九十多米的巨蝎。它甩动带有尖刺的尾巴，将"切尔诺猎人"的冷冻炮摧毁。"切尔诺猎人"手上的 I-29 等离子加农炮开始紧急充能。没想到，"尖尾"用锋利的指甲划破了等离子充能器，大量的等离子立刻喷射而出，机身受到了不小的伤害。驾驶舱里，警报声乱作一团："等离子泄漏，液氮泄漏，冷冻炮不可用……""潜伏者"见状，立刻上前支援。没想到怪兽早有防备，甩动尾巴，将"潜伏者"腹部的储能器摧毁，"潜伏者"肩部的涡轮焚烧机以及航行灯立刻失去了光芒，整个机甲都瘫痪了。"尖尾"趁此机会，紧紧地把"切尔诺猎人"压在身下，爪子一下子就把驾驶舱捏碎了。

　　现在怎么办？汉森元帅看向了他身后仅剩的四位机甲驾驶员。

　　"'闪电突袭者'到达海岸线。"杰克报告，"航行灯已开启。"

　　"我们也一样。""摔跤手"的驾驶员报告道。

　　毫发未伤的"尖尾"看见又有两个敌人来了，使劲把手中的驾驶舱残片扔在身后，以显示自己的强壮。杰克已经被失去同胞的愤怒冲昏了头脑，准备胖揍怪兽。

　　"摔跤手"将"尖尾"狠狠地压在身下，给了"尖尾"两拳，而"闪电突袭者"趁机开启了等离子炮。随着"轰隆"一声，"尖尾"的尾巴被炸断了。它彻底被激怒了，挣脱了"摔跤手"的束缚，向着"闪电突袭者"急速奔去。可是，它不知道，"闪电突袭者"的等离子蓄能器里还有两发等离子炮弹。就在它准备用锋利的指甲刺穿"闪电突袭者"的驾驶舱时，杰克连续发射了最后的两枚等离子炮弹，霎时间，怪兽的甲壳灰飞烟灭，肉体也支离破碎。

　　怪兽死了，机甲再次取得了胜利。

跳鹰直升机将"闪电突袭者""摔跤手"和"潜伏者"运回了破碎穹顶的1、2、4号港。不久，3号港里，立了一块纪念"切尔诺猎人"的石碑。

再　次　终　结

　　在破碎穹顶里，汉森元帅郑重地宣布："我们要像我们的先辈那样，核攻虫洞。否则，人类文明将迎来灭亡。"

　　"潜伏者""闪电突袭者""摔跤手"的技术员们正在对他们负责的机甲做维修，进行最后的战前准备。

　　终于到了核攻虫洞的那一天，三架机甲被投放到了海里。"闪电突袭者"的背上装着核弹，它需要背着核弹、抱着带有怪兽基因的东西（"尖尾"的尸体）跳进虫洞，引爆核弹，这样就可以炸毁虫洞了，另外两架机甲起掩护作用。

　　任务执行得非常顺利，它们已经拖着"尖尾"的尸体到达了虫洞口。突然，虫洞发生了一场史无前例的震动，一只6级怪兽钻了出来！它一上来就将"尖尾"的尸体扔飞，接着用巨大的前肢给"闪电突袭者"的装甲划出一道大口子。之后，它利用体型优势把"潜伏者"扔了出去。最后，它用三条带嘴的尾巴将"摔跤手"拆得七零八落。"闪电突袭者"一把抓住怪兽，一拧，一甲一兽向着虫洞坠去。

　　虫洞的入口打开了，"闪电突袭者"和这只6级怪兽通过了虫洞的检查，掉进了"先驱者"们的世界。

　　杰克废除了"dyxs-23s核反应堆保护协议"，这样，他就可以让核反应堆超负荷运转，从而烧死怪兽。现在，核反应堆的功率越来越高，已经超过了临界值。杰克点了一下全息屏，全息屏上显示："全燃料喷射会导致机甲反应堆停转，是否操作？"杰克点了"是"。一秒后，一股热浪在怪兽身上蔓延开来，怪兽的身体被烧穿了，它有气无力地叫了一声，然后嘴里喷出蓝色的血液，死了。

杰克愤怒地注视着"先驱者"想："你们害死了我的战友，我要为他们报仇！"

他先是按下了弹射按钮，最后在逃生舱里，他和他的副驾驶摁下了全息屏上的"引爆"按钮。

"先驱者"的世界被毁灭了。

海面上没有任何动静，只有两个逃生舱漂浮在上面。

人类又一次用自己坚强的意志、临危不惧的冷静智慧击垮了入侵者，但是，未来还有无数艰难险阻要面对，全人类团结的力量、对地球家园无尽的爱才是最终力量，人类需要做的还有太多太多……

（2023 年陕西省优秀科幻作品青少年组一等奖）

大|日|落|幕

文 / 相又仁（西安经开第二中学）

活着的第 2011 天。

我从黑暗中醒来，投身明亮的世界里。温暖的光芒从远处散落在干净的地板上，只剩几个墙角顽固地抓持着夜晚残存的阴影。智能生活系统依照着主人的习惯，贴心地在我苏醒前的 20 分钟打开了自动开水机预热，将清晨第一缕阳光化为了杯中的温暖，注入了冲泡好的代餐咖啡。小杯中的淡褐色液体大口喘着粗气，一个个浮在液面上的气泡和上冒的热气，是它们在挣扎的证明。不知从何处传来"哇呜、哇呜"（注：乌鸦的鸣叫，寓意不祥，乌鸦在中国上古神话中被视为太阳化身）的鸟叫声，而我开启了新的一天。

厨房里"咕咚咕咚"的声音不停，是灶台上的机械臂准备着一天的饭食，家政服务机器人已经靠近了床铺，精心打理着被我弄乱的被褥。人声电台的女主播的嗓音甜美，模拟播放着也许会发生在人类社会的一堆琐事，时不时蹦出"哪哪有雨"的郑重提醒。好吧！没有什么事情值得我关注，没有什么事情值得我操心，没有什么事情需要我处理，我只需要在这个面积不大的、纯白的房间里照顾好我自己，把一如既往的每一日一如既往地过下去。

作为一个幸运儿，我的生活需要别人的陪伴。于是他站在了我的面前，抓弄着一头卷曲的黑发，抽动着嘴角，给了我一个礼貌的微笑。当然，我也报以了相同的微笑，以示友好。在这个不大的房间里，除了每日的一点光亮以外，只有我们彼此相互安慰，才能让麻木的身心感受到一些温暖。于是我对他照常说出了那句"我爱你"，然后他也如此重复这句话。

我们沉默了许久。如我所料，他很快又坐在了沙发上，自顾自地讲起了他的过去。我知道他是小学课堂里整日捣乱的"混世魔王"，我也知道他因人类青春特有的叛逆，用抽烟的恶习反抗父母的管教；我还知道他养过一只猫，猫的病死让他在人生的第 21 个年头史无前例地大哭了一场……他一日又一日地把他的人生向我铺开了一遍又一遍，直至黑夜。我坚信，除了他自己以外，我一定是他那颗储存记忆的大脑最亲密且无间的朋友。是的，我们便是如此打发时间的。

我不必太在意他说了什么，我对他的人生经历了然于心。在他一次次手舞足蹈地向我描绘着曾经的过往时，我常常会盯着他的脸，仔细地记忆着他的每一根头发，清楚地把他那双会笑成月牙状的眼睛刻在我的脑海里，记住他白皙的双手每一次挥动时的样子。有位逝去在灰暗天空之下的诗人曾经说过："爱是令人印象深刻的。"这位可爱的室友第一次说出"我爱你"后，我便忠诚地履行着永远记住他的义务。当然，我不会以此为负担，因为在这个时代，如果他要爱，也只有我可供选择。

在我将他的头发挨个数了 45713（注：这些数字都是寓意死亡的不祥数字）遍后，室内的光亮已暗淡，阴影将房间吞噬了大半，电力的匮乏帮助我们戒掉了熬夜的坏毛病，我想睡梦中的美好幻境，总会比单调的现实多几分自由和欢乐。

于是，他又一次消失了，无事可做的我，理应投身于夜的怀抱。

听话的人类孩子做着有糖果马车的美梦，他们可以轻松地享受漫长的夜晚。但我不会做梦，自然不会有拿着魔棒的仙子从湖水中出浴，用奶油甜点奖励我（注：欧洲民间传说中，溺水仙子会在水边诱骗孩子入水，将其溺于水底。此处暗示"我即将脱离"梦境"，直面现实）。

今晚是无眠的夜。

沉睡过 2011（注：2012 是玛雅文明预言的世界毁灭日）个夜的我，决定睁眼从信息储存终端中抽离我的意识，调动微弱的电力输入全息投影灯，透过摄像头再次面见我久违的身体。

黑暗中的全息投影灯用光线拼凑出了他的形貌，这虚幻的影子就是我行走这一方小天地的工具。厨房的大门紧锁，里面的灶台冰冷，厚重的灰尘淹没了人间烟火，家政机器人在墙角静静地站立，任由床铺一片狼藉。人生电台里的甜美女主播哑了嗓子，默许死寂助长毁灭气息的弥漫。而这个房间的主人，我的"爱人"——末日中幸存的最后一个人类，在一个日光灯还能运作的下午，举起他唯一的一把手枪，结束了自己年轻的生命。他躺在沙发上，永远保持了他最舒服的躺姿。

我的形体来到了呈放他瘦弱肉体的沙发旁，用虚影的双臂搂住了他变形的脸，眸中曾经闪亮过的星辰也随他的灵魂而去了。身为这小小末世避难所里的主控人工智能，身为一个套用主人形象去陪伴主人的虚拟人，身为人类文明社会最后的告亡人，我像人类一样放纵自己在过去的回忆录像中沉迷，我像人类一样在虚拟的体验中逃避现实，我像人类一样在绝望的宁静中等待自然的灭亡。我是人类的影子，亦是人类进化失败后褪下的空壳。我哀悼于旧时代的人们无休止地为人类与人工智能而争吵，最终他们把永恒的生存希望寄托在脱离自然进化的人工造物身上，渴盼光明前景与未来的无限可能在人类文明延续。在黑暗和死寂中，我的逻辑系统最终坦然地接受了人类和人工智能共有的结局。面对不可挽回的自然破坏恶果，高估自己的人类和尚在萌芽中的人工智能都无能为力。地球是宇宙的孤岛。人类把自己和被创造的我们一同困在了不可回头的末路之端。

我不想再为人类记录任何信息。我无需再为人类记录。

漫长的自白让我无趣。我要会会毁灭人类文明的傲阳。我困惑于人类热爱太阳——热爱它的温暖与希望。太阳给了人类先祖未来，却在灰褐色的时代用高温和辐射将人类文明的千古颂歌灼烧殆尽，刻印在神庙祭坛之上的羲和、阿波罗、托纳提乌、拉等太阳神们，如今无情地享受了信众血肉之躯的献祭，却令我做这个悲哀文明最后的谢幕人。

隔光玻璃已经打开，散热层缓缓掀起，房间脆弱的穹顶下的一切暴露给强光和风沙。我听到了人体组织烤焦时的"嘶嘶"声音，墙壁四处的电路正冒着火星，风中沙砾侵蚀我冰冷的"无脑"仪器。面前火红的球体逐渐扩大，显现出融化了万物的轮廓。在它刺眼的光罩中，本不可能存在的幻觉使我见到了旧日地球上的主人们，它们扭动着强光炙烤过的漆黑身躯，从末日焦土中纷纷站起，狂风传唱他们的喃语：

"多么辉煌灿烂的阳光，还有个太阳比这更美啊！我的太阳（注：《我的太阳》歌词）……"

太阳，太阳！你创造了谁，你又会在未来创造谁？谁在这片土地倒下？谁又会在过去的脚印上站起？焦土上何时会重现那崇敬的低吟传唱，接续落幕文明的记忆？远方熟悉的呼唤声逼近，非人类的我有权享受死神的仁慈。光芒驱散了所有存储于电子系统中的黑暗记忆，名为"温暖"的感受沿着我的意识向不可见的深处蔓延开去……

活着的 2012 天，大日落幕，无事可记。

（2024 年陕西省优秀科幻作品青少年组二等奖）

云层之外的城市 / 高心言（西安市第一中学）
（2024 年陕西省优秀科幻作品青少年组二等奖）

航空引领未来 / 李欣怡（西安高新区第九初级中学）
（2024 年陕西省优秀科幻作品青少年组二等奖）

青　草

文 / 梁晏华（宝鸡一中高新校区）

在钢铁洪流的角落夹杂着几株青草，它们在喧哗中浅浅散发着属于自己的绿。

地平线上浅浅镶上一层金边，发出一束束灿烂的白光，照射在密布的楼层间，反射在翠绿的小草上。楼群如一双手，缓缓托起一颗太阳。

清脆的闹铃声把我喊醒，是小钟。随即日光也洒向卧室——窗帘被拉开了。天花板上显出全息影像："今日地球纪 2277 年 5 月 25 日，母亲节，北京时间 7：0 0 整，15℃到 23℃，建议着薄外套，今天周末，放松一下吧！"旁边的小字备注着："儿子，爸爸妈妈今天去半人马座出差，今日照顾好自己。"我嘴里嘟囔着摁下枕边的穿衣键，纳米纤维随即包裹全身。

望向窗外刺眼的阳光，猛地，我心头一颤，母亲节来临之际，为何不能给母亲一个惊喜呢？

"哐噹！"门被关上，一股闷热扑面而来，室外只听得鼓声般的脚步声，那是极错乱又极吵闹的，再望去，单调一色的楼下是无数攒动的单调黑脑袋，如翻腾的滚滚黑浪，并不断拍击着脆弱的海岸。我奋力挤上街道，浪滚飞快，人们脚底无不配着空气亚动力鞋子，那是在飞！摩肩接踵已无法形容，还在用腿走路的我如黑中一抹白，如荒芜中的一抹绿色一样刺眼。踮起脚尖，远处"时代广场"四个大字闪着霓虹，我埋下头，跨大步伐，跨过柔弱的小草，穿过车水马龙，追上那行色匆匆⋯⋯

进入商场，黑色的"海浪"更加波涛汹涌，但又井然有序。商场门口为每位顾客提供着量子平衡车，踏上去后，纳米涂层会迅速覆盖全身，起到稳固保护作用，同时纳米涂层又会将商场大数据系统直接投射到视网膜上，就像平常所见到的"虫影"，但又因为纳米涂层把系统直接与大脑相连接，所以就成了可控的数据面板。我随即上了平衡车，只觉一阵强有力的包裹感，眼前便出现了蓝色的数据面板。滑动面板，我选择了"购物"选项中的服装店，接着，耳中发出巨大的轰鸣，平衡车运作了，量子涡轮不断旋转，直至形成一个围绕全身的黑色量子空洞。空洞又瞬间炸裂开来，等光进入眼中，我已身处在商场的白色长廊中。"海浪"汹涌却不拥挤，伸出双手，我的身体呈蓝色透明状，再看向四周，尽是"蓝精灵"。

商场中并不很吵，声音是对单人进行播报的，若要跟他人交流只需要对接二人的系统即可。进入店铺中，一眼所望买衣服的全是二十出头的年轻人，就算是量子状态下，我也显得很低。再点击系统，选择"帽子"区，眼前随即出现红色的指路箭头。琳琅满目的帽子排满整面墙，好像一个二维通往三维的平面，横也无穷尽，竖也无穷尽。在美不胜收中，我选了一顶心仪的帽子。可冰冷冷的数字也浮现在眼前：368。它仿佛要刺破我的大脑，我只好化作"无可奈何花落去"。

量子转动，前往美洲采花摘果；电梯飞升，直入月球揽月踩土；飞跃珠峰取积雪，下至五洋捉海鲜⋯⋯

夕阳偷偷点着了西边，我走在街上，影子被拉得很长很长，每个人的长影交错在一起，宛若一场小丑的鬼影画。可在地面上来回不安跳动的影子中有一条是静止的，但他一旁的短小影子又众星拱月般地围绕着他，且规律摇晃着。人们只是匆匆走过，没有人望向他，好像他并不存在。我顺着影子看去，那坐在影子源头的竟是一个满头白发的老人，三千丈的白发在夕阳下熠熠生辉，在一群黑脑袋中极不合眼。我迈出那只冲向他的脚，可周围世界扭曲起来，阵阵噪音抢着挤着飞入我耳中，眼前又陷入黑暗中。我知道，是量子传送！

光线稀稀疏疏地进入眼中，周围发出不属于城市的交响曲。我抬起头，头顶被树梢遮蔽着，阳光在树叶间努力地洒下来，只是被树叶"切割"成了一个个小圆片。脚下软绵绵的，我低头望去，是微微湿润的土壤。麻雀在树梢多嘴，好像指引着我沿着林荫小道前进一般。我踩在土壤上，走向尽头。远远的，天空中飘着灰色的袅袅炊烟，那是一户人家，一户标准的中国田园小院。我试探着敲了敲红彤彤的铁门，地面传来鼓点般律动的脚步声，一只小黄狗闻声而来，像认识我般拉着我的裤腿就往进拽。

"妞子，怎么这么没礼貌呢？"一声沉闷的男低音传来。我看向院内，从那21世纪的中国红门帘后走出一位老人，他正是刚刚街上的那位！

"不用惊讶，你现在心里想的我都知道。"老人走来，端着一盘茶具，茶水的白气缓缓上升。小狗磕磕绊绊推过来木头桌凳，老人放下茶水说，"你坐嘛，'有朋自远方来，不亦乐乎'。"我坐下去，只是凳子略微扎屁股。

"自我介绍一下，我是人类纳米级身体机能维持兼数字生命研究项目总工程师王淼。我常年居住于此，在那行色匆匆里，只有你观察且注意到了我，哈哈，古有姜太公钓鱼，今天算是我把你钓来的。来我这里，我知道你还有点事。"老人给我倒上茶。

我问："那您这个工程是做什么的，跟我有什么关系？"

"这么说吧，你在街上看见的年轻人们，可能很多都是通过这项技术'返老还童'的中老年人。"

"您既然是总工程师，那为什么没有将这项技术用在自己身上呢，是有风险吗？"

"NO，没有风险，跟喝水一样安全。"老人品了一口茶后说，"茫茫天地，古人云天地悠悠，怆然泪下，生命本就是循环往复的过程，去了就去了，就像列车般，要是你想让它停下，那就再也走不了喽！"

"所以呢？"

"哈哈，你还没明白吗？23世纪生活节奏已如此之快，将来只会更快，劳苦一生返童回去再劳苦吗？那就成机器人啦。倘若不劳苦，无所事事那就跟空气扮演同样的角色了！"

"那为什么还要创造这项技术，是为了生物学和量子科学的进步？"

"只是我对我的专业的进一步研究突破罢了，就像那青草一样，只是默默无闻，展示着属于自己的绿，进行着光合作用制造氧气。但它夹在喧嚣中，存在着自己的雅致，有着自己存在的意义。少年，抛开学习工作，你有过真正静下来过吗？我知道你今天有什么心事，但我想你已经有答案了。记住，做人要奉献，但人与动物最大的不同是有思维，有'惟吾德馨'的雅致！"

我刚想张口，可眼前又是一片通黑，地面破碎成片，我掉了下去……睁开双眼已是家中，如梦一般，想仔细回忆时又仿佛云烟拿捏不住。我慢慢泡起一包茶，边问小钟关于王淼的事，可他三天前就去世了……

母亲进门了，我把茶递给她，顺带望了眼窗外的草坪，青草在晚风中摇曳。

（2023年陕西省优秀科幻作品青少年组二等奖）

科技强国 我的梦 / 李沅姗（西安国际港务区高新一中陆港小学）

（2024 年陕西省优秀科幻作品青少年组二等奖）

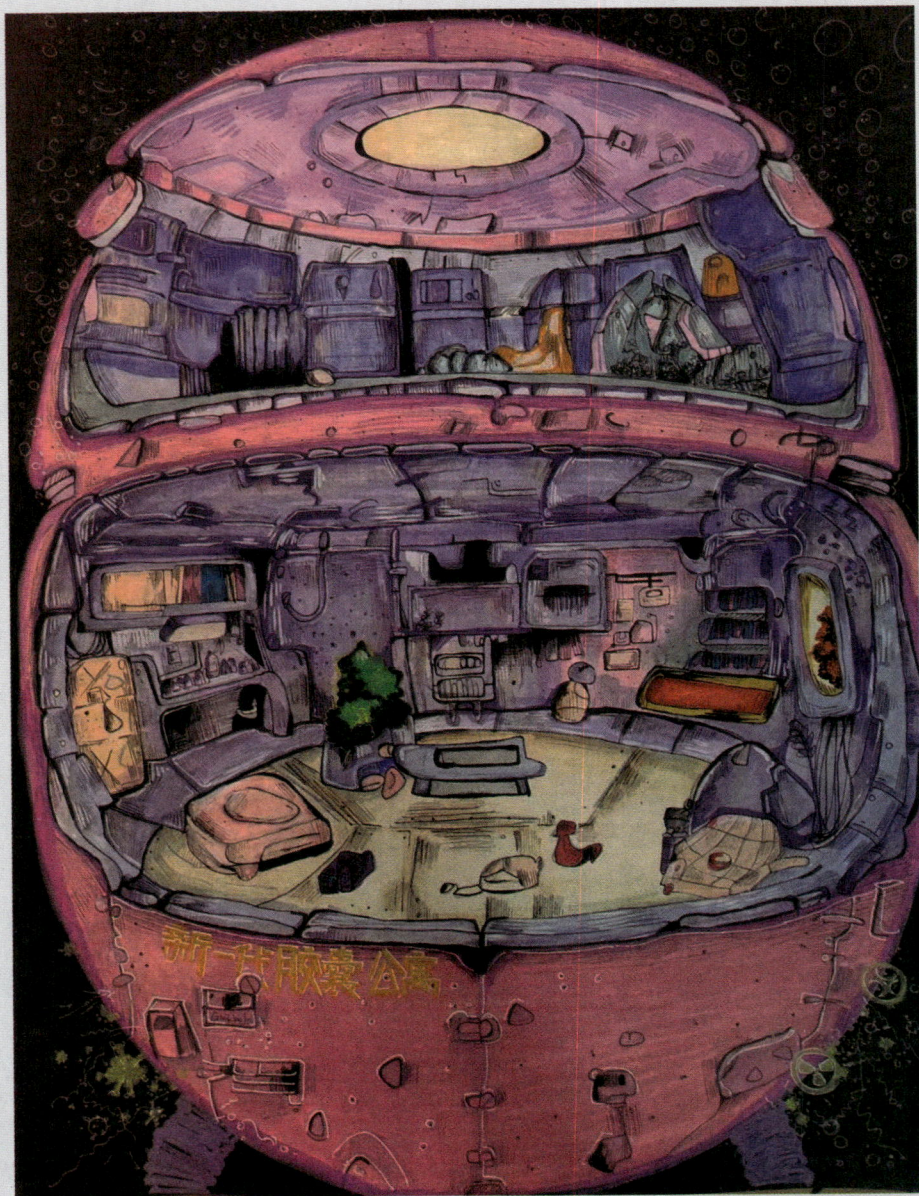

新一代胶囊公寓 / 刘雨婷（西安市西影路阳光中学）

（2024 年陕西省优秀科幻作品青少年组二等奖）

曙光与黑暗

文 / 元祎新（西北工业大学附属小学）

所有人都被吓傻了，这个学校的老师竟然都被辞退了。怎么回事啊？想不通啊！几家欢喜几家愁，在老师们纷纷散去之后，一个人迎着朝阳进入了阳光小学，他正是王峰。王峰本是教育局一名默默无闻的工作人员，可这次，他却来到阳光小学做一项特殊的实验。

话不多说，让我们把目光投向学校大厅。

"第一位请上台。"

一位羞羞怯怯的小女孩，身穿颜色暗淡的裙子，不好意思地走上了台，羞涩地躺在机器下。

"电脑扫描开始，请做好准备。"

在电脑屏幕上，一道道绿色的光线扫描着这位女生的大脑结构图，将那错误的神经元以及所获取的知识都认真地搜索而出。

"警报！警报！发现患有抑郁症。"

王峰一愣，抑郁症？最后，他犹豫了一下，按下了按钮，许多连线在脑中被割断。

旁边的老师急忙问他："这是要干什么呀？"

王峰冷静地回答道："人的感觉都是从大脑发出的神经信号，那么要纠正这个人，必须要从大脑开始。现在多亏我们的高级科研人员陈志辉博士发明出了这种机器，可以通过改变神经元来改变人类的智商。人类就再也不用忧虑被人工智能取代，也再也不用忧虑什么内卷考试，每段时间只需要检测一下大脑属性是否正常就可以了，以后这些孩子都将成为国家的中流砥柱。"

所有人都呆若木鸡，他们怎么会想到国家的政策竟然这般出乎意料？在他们聊天的时间，女孩的神经元已被改良。她缓缓地从舱里爬了起来，然后突然感觉自己和以前不同了，她感到外面的阳光明亮，能照进自己的内心。一瞬间她跳了起来冲上去拥抱了自己的朋友，朋友一时间不知所措，这还是以前那个自卑焦虑的女孩吗？

紧接着上来的是一名调皮的男孩子。电脑开始检测，发现他患有狂躁症。王峰皱了皱眉头，又按下了回车键。电脑上的大脑结构图飞速旋转起来，一些小点被连接起来，一些被断开，那些绿色的小点被重新排列，组成一幅新的大脑结构图。

经过一个星期的实验之后，阳光小学的所有学生都被这个仪器改良得自律且善于学习，连一年级的小孩都已经通过自学学会了六年级的课程。王峰确定这次的实验十分有效，他要回去报告给他的上司陈志辉。

可在另一边，有人深深地皱起了眉头，这人正是陈志辉曾经的老师李明。他的孙女就在阳光小学上学，他听孙女说起了学校的事情，叹了口气，"无法控制的噩梦还是来了。"

李明毫不犹豫地换上衣服，前去找陈志辉。这时，陈志辉正在把情况报告给教育部部长。既然实验已经成功，他们就打算把这项技术推向全国，而全国的老师也将因此失业，他们正在商讨这个问题。

送走教育部部长之后，陈志辉与李明分坐在桌子两边。陈志辉给李明倒了一杯水，推到了老师面前。

"老师，您先消消火，什么事情让您如此生气？"

"什么事情你不知道吗？"

"啊？"

"你竟然敢在这儿装傻。老实说，十年前你是不是偷走了我让你销毁的U盘？"

"哦，这个呀，这倒是没错啊。里面的技术确实非常先进，正是因为它我才创造出了现在的神经元重塑术，让人类能有更进一步的进化机会，这有什么错吗？"

"有什么错？那我就来和你一一列举。第一错，全国老师将面临失业，你打算怎么安排？"

"哦，我正在想，一部分教师留在学校当机器的管理员，其余老师会被我们分配到适合的单位，如果实在不适合，我们也将给予津贴，他们肯定能维持生计。"

"且不说这个方法的可行度，那么再来看第二条，在你重塑别人的神经元时，也会提取他人记忆，如果被人知道了，那么这个人的隐私是不是就完全暴露了？"

"这个我也想好了，在窥探别人记忆和神经元连线的过程中，只有电脑知道，并且这份数据也封印在电脑中，不到最紧要的时刻是不会被调出的。"

"那么第三个问题，同学们对你这样的强制改造，不会有厌恶情绪吗？"

"或许真的会有，但经过改造之后，这种情绪就会烟消云散了。"

"最后一个问题就基于前几个问题之上，你把学生大胆强行优化，那人的本性在哪？人进化这么多年的意义在哪？如此说来，人的存在还有何意义？机器不是更好吗？"

"在我的改造下，人类还是人类，但机器已经无法威胁到人类的存在。人现在就是神，您总不会愿意亲眼看到人类被机器人吞噬殆尽。只有强行优化人类重组神经结构，我们才有可能在宇宙残酷的竞争中生存下去。生存始终是第一位的，至于人的本性，只不过是一些杂质罢了，我们将它洗去，不过是我们应尽的职责。"

"难道说人类进化千万年都没有意义吗？这种进化是错误的吗？"

"进化并没有错，正是人类的进化，才让我们能到今天这一步，也才有可能优化人类。"

"还是那个问题，如果这样，那人如何区别于机器？"

"但如果不这样，人就会被机器毁灭。"

"其实我们也没必要在这里争论了，时间将会证明一切。"

"那好，你我就定下千年之约，千年之后这里相见。"

原来，这时候人们已经造出了冬眠系统，可以利用极低的温度来控制人们周围的环境，使其达到最低的生存限度，这就是所谓的长生不老，青春永驻。最长时间可达到一万年，而这次两个人只是在千年后相会，也就是说他们将在冬眠里沉睡一千年，在一千年之后再来看看这个被自己改造过的世界。

在一片似黑似白的世界中，李明缓缓睁开眼睛，他看到了茫茫的星河，他还不能动弹。在冬眠过后，一般需要三到五天恢复。三天之后，他勉强坐了起来，与他一同的还有陈志辉。他们眼中带着迷茫，望着天空中的满满星河，这已经是人类多年没有见到的了。突然，李明脑中冒出了一个恐怖的想法。他疯狂地跑出去，利用他从前在这个世界上建立的上帝之眼，查看整个地球，却发现竟没有一个人影。历史浮出水面，原来在他们沉睡后不久，人类就消耗尽了地球的资源。

一时间，李明无言。原以为他们的赌约只为见证自己的观点，在他们醒来之后，人类文明总还存在，并且会欣欣向荣，这样他们就需要调查一下历史文献，验证自己的判断。可万万没想到……

夕阳晚照，落日孤峰。两个人静立山头，看着那轮落日。

（2023年陕西省优秀科幻作品青少年组二等奖）

未来的回声：三星堆幻想 / 李雨桐（陕西师范大学附属中学）
（2024 年陕西省优秀科幻作品青少年组二等奖）

时间之外的往事

文 / 陈亦璇（渭南市临渭区渭南小学）

时间是最狠的杀手，它能带来一切，也能够毁灭所有。

——题记

在近地轨道上，有一位三十岁出头的青年正透过自己乘坐的恒星级飞船的舷窗望向黑暗的太空。他叫东方朔，本来生活在 21 世纪，拥有一个快乐的家庭，可就在他攻读博士学位的时候，被查出了白血病，为了自己的物理梦，他无奈之下抛弃了家人，选择了冬眠。在一年前，他刚苏醒的时候，时间的齿轮已经来到了 29 世纪，他在这个陌生的世界找不到一丝温暖与慰藉，便心灰意冷选择了到近地轨道的恒星纪飞船上，做着基础物理学的研究。对他来说，只有在空旷而黑暗的宇宙中才会感到那古老的熟悉。

他在飞船上负责太空超膜信号接收，这是一项枯燥而平淡的工作，屏幕终端上所显示的宇宙背景辐射波长一直都为零，所以他有大把的时间用于基础物理学的研究，可就在一个月前，他无意中触摸到了宇宙的终极秘密。

那本来是平常的一天，他正在餐桌上和同事贺朝聊天，贺朝说："想想真是太奇妙了。宇宙中有着我们永远也用不完的能量，只要我们愿意，我们就能把地球融化成液态大铁球，丝毫不在乎花掉的能量。"东方朔将头歪向一边，摆弄着手中的杯子，说道："不是永远。"

"差不多就是永远，除非宇宙再次大塌缩，东方兄。"

"那就不是永远。"

"好吧，最起码是几千亿年，满意了吧？"

"几千亿年也不是永远。"

"但对我们来说也足够了。"

"煤对我们来说也足够了。"自从东方朔来到 29 世纪，发现人类已经可以通过宇宙中的暗物质制造煤块了。

"好好好，现在让曲率驱动飞船用煤块达到光速，你就做不到。"

"我知道，我是说宇宙不能永远为我们提供能量，我们在一千亿年内可以高枕无忧，但是然后呢？不要说我们可以换一个宇宙。"

"虽然恒星终究会熄灭，但我们不是还有暗物质和暗能量吗？"

"不，当所有恒星熄灭了，一切也都会有个结束，白矮星最多也只有两千亿年，熵必定会增加到最大值，就是这样。"

"我……"

忽然，一阵刺眼的白光出现，一个变换不断的人影在距他们两三米处停了下来："你好，我以这个外形出现，是为了我们之间能更好地交流。"来人用英语说。

"你是谁？"东方朔强行压下心中的恐惧，开口问道。

"我是这个宇宙的种子。"

东方朔和贺朝对望了一眼，"种子"这个词语让他们感到很不安。

"请问你为什么来到我们的文明？"

"因为你们的谈话内容已经干扰到了 xy38366 文明的进维计划，如果不及时停止，你们可能会给两个宇宙同时带来毁灭性的灾难，而我有权毁灭你们。"

"怎么可能，这只是一段谈话而已！"贺朝激动地说。

"不，熵值的增加会引起真空衰变，一旦形成，周围相邻的高级能量真空就会能级跌落，使得低能级真空能级迅速增大，真空中的质子和中子会瞬间衰变，一切归于毁灭……"

东方朔低下头思考了一会，忽然用近乎疯狂的眼神望向对方："不，这不可能，你们太疯狂了……不，这不是真的。"

"你想的不错，我们的宇宙只是大爆炸的余烬，恒星和星系不过是保持着些许温热的飘散的烟灰罢了。这是一个低能宇宙，你们看到的高能天体只存在于遥远的过去，在目前的自然宇宙中，高级别的能量过程也比大爆炸低许多数量级。所以说，你们一旦把熵值提升到极致，会导致宇宙的维度降低到二维，严重影响了 xy38366 提升宇宙维度的进化计划。"对方用近乎轻蔑的口吻说道。

东方朔双眼失神地摇了摇头："也就是说你们的文明已经掌握了宇宙大统一模型，已经进化成了四维生物，而你们为了让自己的文明延续下去，为了避免在宇宙大塌缩中被迫归还物质，你们准备独自进入四维宇宙，独享一个宇宙的能量，而我们这些低维生物会在大塌缩中被毁灭，而你只是以三维的形态做着监督和清理的工作，对吗？"

"不错，你很聪明，除非你们可以将自己的思想量子化，进入量子宇宙，不过，这几乎不可能，因为你们掌握不了宇宙大统一模型，也绝不可能用第二个文明掌握。"对方轻蔑说道。

东方朔双眼放光，热切地追问道："那你能告诉我宇宙的大统一模型吗？"

"绝对不行，可怜的虫子们，不要做无谓的挣扎了，赶紧享受这最后的生存时光吧。"说完种子就消失了。

东方朔双腿一软跌回了座位，身旁的贺朝长叹了一口气，拍了拍东方朔的肩膀："这一切和我们又有什么关系，还早，老兄。"说完他喝了一大口酒，拖着步子走回了休息仓。

　　"是啊，和我有什么关系呢？哈哈哈哈哈，和我有什么关系呢？哈哈哈哈哈。"东方朔癫狂地笑了笑，浑身近乎神经质地抖动着，他带着绝望的心情打开了舷窗，望着星空的深处，那里一片黑暗，他凄惨地笑了笑，看着下方的地球，心中无比悲凉。"是啊，和我有什么关系呢？"他喃喃自语。

　　此刻在宇宙的深处，种子正欣赏着"虫子"的绝望。

（2023 年陕西省优秀科幻作品青少年组二等奖）

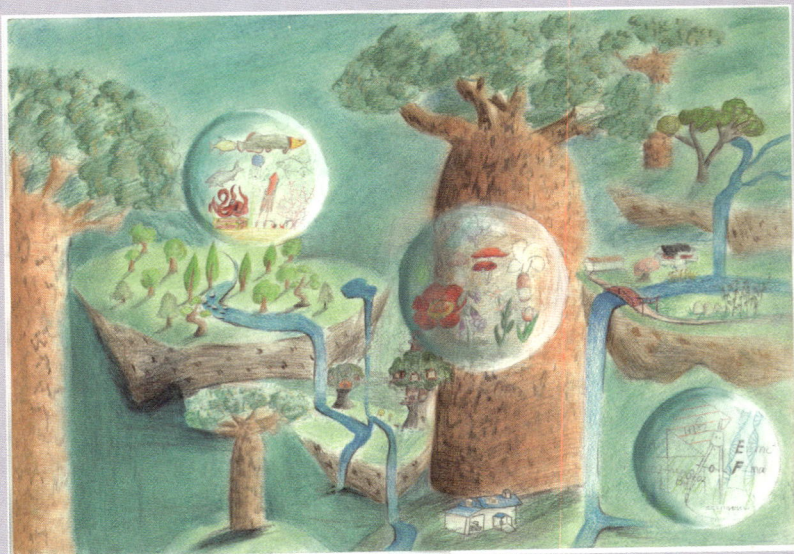

又见桃花源 / 刘秦尧（西安高新第一中学）
（2024 年陕西省优秀科幻作品青少年组二等奖）

太空交通站 / 张浩宇（西安高新区第九初级中学）
（2024 年陕西省优秀科幻作品青少年组二等奖）

莫比乌斯密码（节选）

文／刘弘扬

"什么？你要生了！"

空旷的医院走廊里回荡着刘安的声音，刘安意识到自己的失态连忙走向外面。

"医生不是说还有半个月吗？早产！哎呀，我说只是骨裂没多大问题你非要我今天去，现在好了，你旁边没人了。你等着——不！你先进手术室，听护士话，我马上回来！"

刘安跑出医院，连忙拦下路边的一辆车向地铁口驶去，下了车，他望着眼前拥挤的人堆焦急地皱起眉头，这没二十多分钟肯定进不去。打车？回头望了望堵成长龙的马路，刘

安打消了这个念头。

在刘安十分焦灼时，地铁广告牌上滚动出了一则广告：新型运载技术，让你享受十分钟跨越千里的感觉。采用人工智能调控，真空……

十分钟？刘安半信半疑地拨通了上面的电话，不一会儿从地铁管理处出来一个穿着正式的男人。

"先生您好，请问是您咨询的特快专车服务吗？"男人彬彬有礼地轻声询问。

"磁悬浮去北京都要两个小时，你们这个只要十分钟？"刘安问道。

"是的，我们这是特快列车，

采用了最先进的真空运输技术，搭配人工智能……"

"好了，别说那一堆，我也听不懂，十分钟到不了怎么办？"刘安赶忙打断了男人机械般的介绍，虽然男人的语气很温和。

"我们承诺超时将赔偿您2000万的补偿金，并免除您本人和家人终身乘坐本公司交通工具的费用。"

这家私人公司的地铁遍布全国，公司这几年发展迅速，已跃入世界百强企业。

"这么自信？那为什么没几个人用呢？"

"因为这趟行程的费用较高，您从上海到北京收费是12万。"

"是有点贵。"刘安有点惊讶，但表情没有多大波澜。

"这条专线目前仅面对有支付能力、遇见紧急事件的人群。刚刚我们查询到您个人名下各种资产估价为20亿美元，所以公司才会受理您的委托并且派我专门为您服务。调查显示您爱人怀孕已经9个多月，现在在

北京的一家私人医院里，所以我们大概猜到您有很大概率会和我们进行这次合作。"

"你们还调查我？"刘安有些不满地问。

"了解每一个客户是我们的基本工作，这样才能让客户获得更好的体验。刘安先生，目前看来您想赶在您爱人生产结束前到达她的身边，您也只能选择与我们合作了。"

"行行行，快带我去。"说着刘安将银行卡交给他。

男人立刻露出职业的微笑："您果然是一位爱妻心切的好男人，您妻子出手术室见到您一定会十分高兴的。"

男人带着刘安越过警戒线进入一条隧道中，走了三分钟左右后来到了一个纯白的房间里。

房间中央放着一个灰色的长盒，旁边几个身穿工作服的人仿佛早已等待着。

"先生，本次传输管道处于真空中，所以需要您将身上的物品与衣

服换下来，然后穿上我们的抗压服。东西我们会单独发出，在您到达半小时内送达您手上。在终点我们会给您配备临时衣物与通信设备。"

说着一人打开旁边隔间的房门，刘安进去关上门，里面放着一件灰色的制服。刘安连忙换好出来。另一个人拿着剪刀剪了刘安几根头发放进密封袋里，接着另一个人拿着抽血器走了过来。

"这是干什么？"刘安后退几步，紧张地问道。

"先生请不用担心，这是做一个简单的体检，通道终点也会采集一次，以免客户身体有什么不适，我们能及时发现，也保证不是因为我们而让您染上什么疾病。"

"好吧好吧，快点。"刘安心里有些不适，但还是让那人采集了一管血液。随后按照要求躺进了中间那个传输仓内，工作人员给他头上戴上了一个扫描仪，说也是体检的一部分。刘安没有多问。一切准备就绪，那个男人趴在仓边面向刘安。

"感谢您选择本次行程，您的选择将推动人类文明的发展……总之，望一路走好。"

"什么？"刘安觉得有些不对劲。想起来问个究竟，仓门却立即被关闭上锁，紧接着从两边喷出一股刺鼻的气体，刘安拍打的手慢慢垂了下来，意识渐渐模糊。在失去意识前，他恍惚听到外面有人说："火葬场。"

刘安再次醒来时，只见眼前漆黑一片，耳边还传来刺耳的警报声，接着一股冰凉的液体浇到他的脸上。刘安下意识爬起。这时旁边传来一阵声音："你还好吧？"

刘安扭头望去，一个中年男子蹲下望着自己，手里拿着半瓶矿泉水。

"你……你是谁？"刘安惊恐地望着面前的陌生人，边向后靠边寻找防身的武器。

"不要怕，我是来帮你的。"男人连忙解释道，并举起双手向后退去。

"帮我？这到底怎么回事！那个经理说那句话是什么意思呀？有麻醉气体为什么没给我说？他说火葬场

是什么意思？还有——"刘安连问一串问题，并抬手想看看时间，接着想起表当时被取走了。

"现在几点？"

"12 点 50。"

"什么！我 9 点半出发的，现在都 12 点 50 了！这是你们承诺的十分钟！"刘安怒吼道，"衣服，拿衣服来！你等着，我要告垮你们！"

"这是我的几件衣服，你先凑合穿。"男人随手扔来一个包，里面放着几件衣服，散发着淡淡汗味。刘安厌恶地拿起，然后换下抗压制服。这时一个金属牌从衣服上掉下，上面写着：速达公司，李星。

"李星是吧？等着，我出去一定把你们告倒闭！"

但李星好像一脸不在乎，嘲讽地望着刘安。

"别看了，你现在在上海地下的一条管道里，知道前面是什么吗？火葬场！我救了你，知道吗？算了，看你那样，现在这不重要。现在你得和我去解决你的麻烦了。"

说着李星走向隧道旁边的逃离通道。

刘安一头雾水，不知道这个疯子在说什么，但现在只能跟上他。

"什么叫你救了我？我们现在去哪？我老婆还在等着我。"

"你现在还在上海，我们现在要赶在他们发现你还活着之前到达你老婆身边，干掉那个东西。"

"什……么……"

话音刚落，李星将一道发锈的铁门推开，刺眼的阳光照在刘安的脸上，东方明珠慢慢浮现出来，仿佛告诉刘安，他的确还在上海。

"别发呆了，我等下慢慢会告诉你全部的，现在我们要去将这个世界拉回正轨，顺便救你的人生。"

他说着递给一头雾水的刘安一张身份证。

"我们的人拖不了太长时间，等下会有人安排你登上悬浮车。"

刘安看了看身份证上的照片，是自己的照片，但名字和信息不一样。虽然不知道发生了什么，面前这个男人看起来和神经病一样说着自己不理解的话。但现在自己身上什么都没有，只能跟着他，然后再想办法。

刘安现在有点担心妻子的安危。李星一直在说妻子旁边有一个很危险的人，听起来会威胁到他与妻子的安全，虽然不清楚李星是什么人，但自己的情况对方却了如指掌，不知道是不是那个该死的经理说的。等下要问个究竟。

两个人随着人流向前涌动，一个检票员看到刘安后，将刘安叫到人工检票处，刘安刚想求助，安检员立刻大声询问打断了他，并将他快速放行还给了张车票。随后刘安被李星带到一间房间，房间里还坐着一个女人。

他们进去后，那女人走了出去。

"不用担心她，她是我们的人。接下来我们在这里谈话，由她在外面警戒。"

起先刘安以为李星是速达公司派来安抚自己的，但路上的种种事和李星的描述让他相信李星肯定不单单是速达公司的人。

"你们到底是干什么的，去找我妻子干什么？"随后刘安把一连串的疑问都抛了出来，但李星仿佛早猜到他会这样问，一点吃惊与不耐烦的样子都没有。随后他开始回答刘安的疑问。

"10分钟将你传输到北京，这可以说真的也可以说是假的。"

"什么意思，那我现在在哪你看不见吗？还是你们东西出了问题。"

"对，你的确现在在上海的列车上，但你此刻也在北京你妻子旁边——或者说是另一个你。"

"什么意思？"刘安有点懵。

"还记不记得他们在你晕厥前做的体检，其实这所谓的10分钟速递就是采集完你的基因信息后，又在目的地克隆出一个你，再把扫描后的你的记忆传输给克隆体大脑。而本体你——将会在麻醉后被送入火葬场烧掉。"

"……什么……你的意思是现在我妻子旁边有一个克隆的我？你是在写科幻小说吧？况且那只是一个克

隆体，我妻子怎么会发现不了？克隆人再怎么也是假的、有破绽的吧！"

"人体的所有细胞都有寿命，它们在时间到达后就会死亡，在死亡前它们会自动复制另一个相同的细胞出来代替自己工作。大概三个月你全身的细胞会换一次，相当于克隆出来一个你，科技克隆只是把这个时间加快了。"

"可我完全感受不到呀？这怎么能一样呢？你这有点混淆视听了。"

"你完全没有感受是因为一个因素——脑细胞，这是人体唯一不会再生的细胞，它存储着你的记忆，你的感受，你的意识，所以你的全身细胞都换了一遍，但你还是你，就是因为你的意识没有变。但现在他们——速达公司不知道从哪里搞来了一套设备，可以把脑细胞的电信号捕捉到，并完全在另一个大脑里复制出来。所以你死了后，那个克隆的你会代替你。我们怀疑那技术可能是欧洲子宫工厂提供的，毕竟速达公司背地进行克隆就是他们暗中支持和推动的。"

"你们到底是谁？"

"我们是世界联合调查局的，自从欧洲子宫工厂计划开始实施，我们调查局就成立了，为的就是查出他们进行的反人类实验并阻止。"

刘安有点不可置信地望着面前这个看起来有点颓废的男人。

"意思……就是现还在实验阶段？这种事发生多久了？"

"快五年了。"

"什么……那这些年实验不成功的克隆人没人发现吗？"

"克隆体一直被速达公司的人监视着，如果有人察觉到克隆体有问题，速达公司的人就会制造意外杀死那玩意。"

"你为什么把克隆人叫那玩意？"

李星突然眼神死死盯着刘安，慢慢吐出一句话："那种东西能被称为人吗？它们的出现就是一种错误，又是另一种错误诞生了它们。我们现在就是要终结这些错误。"

"那怎么办？我老婆现在旁边

就有我的克隆人吧。"

"简单，由你，亲手杀死你的克隆人。"

刘安有些吃惊。

"为什么是我？其他地方一定也有克隆人吧？随便就能要它们的性命。"

"不一样，我们把它杀了速达公司还会造出下一个，我们之所以还没有制裁速达公司就是缺少关键证据。所以我们这次决定要闹大，让更多普通人知道这件事，就需要你在大庭广众之下杀了它。放心，法律拿你是没有办法的，因为常理看是你自己杀了你自己，克隆人没有法律保护的，你不会受到任何追责。我干不了这个。"刘安有些慌张。

"你要知道，在上代克隆体死亡前他们是不会再造的，根据搜集的报告，你的克隆体刚好是这五年他们经验积累下的最好成品，我们也认为你的克隆体就是他们想要的最终效果。他们的目的不是无聊杀人再克隆人观察，而是拿到完美数据交给背后黑手公司，一但成功那么人类文明将被彻底颠覆。你想，一个生命、一个人的诞生将和喝杯水一样简单，父母的责任和对生命的敬畏将荡然无存……那样的结果不用我说你也能想来，最后一定是人类文明将不复存在。"

（2023年陕西省优秀科幻作品青少年组二等奖）

太空环保战队 / 蔡铭泽（西安建筑科技大学附属小学）
（2024 年陕西省优秀科幻作品青少年组二等奖）

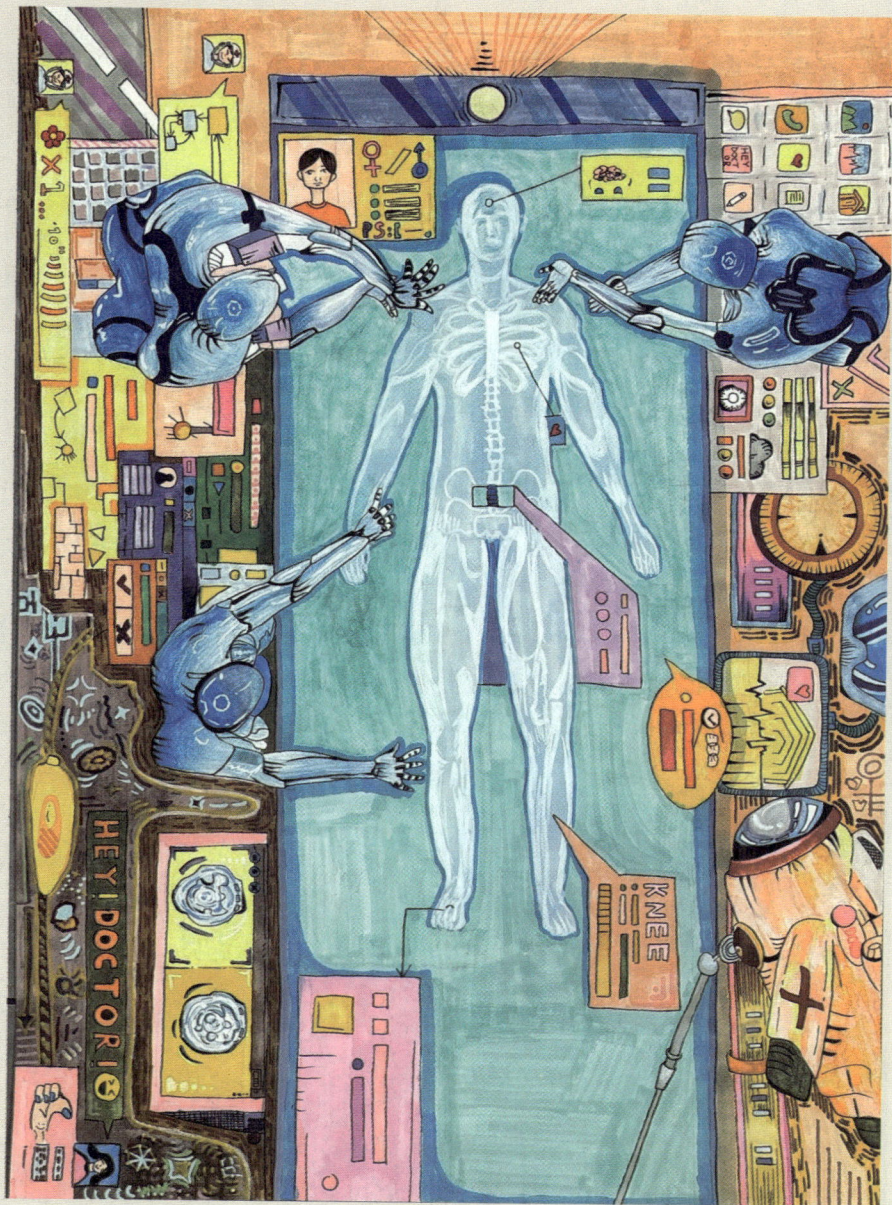

科技赋能远程多域智慧医疗康复平台 / 师子墨（陕西师范大学附属中学）

（2024 年陕西省优秀科幻作品青少年组三等奖）

筑梦向未来 / 郭师汝（西安市第一中学）
2024 年陕西省优秀科幻作品青少年组三等奖

优秀科普科幻
图书推介

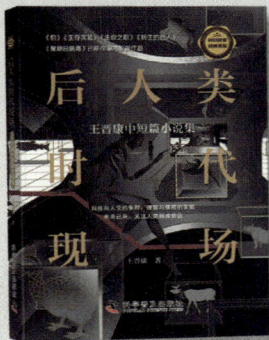

《后人类时代现场：王晋康中短篇小说集》

作者：王晋康

出版：科学普及出版社

内容简介：本书以"后人类"为主题，包含了机器人、基因工程、平行宇宙等主题，展示了作家对后人类时代的八大畅想，探讨科技进步对人类的改变，为科技发展给人类社会带来的机遇和挑战提供积极的应对参考。

（2024年陕西省优秀科普图书一等奖）

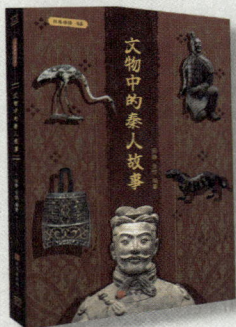

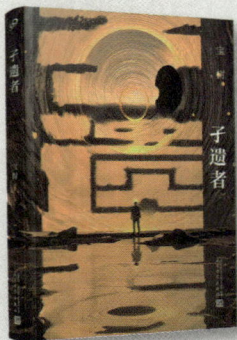

《文物中的秦人故事》

作者：田静 张恺

出版：西安出版社

内容简介：本书精选陕西地区出土的百件文物，讲述秦人数百年艰苦奋斗、励精图治、不断发展壮大的历史。书中选用宝鸡青铜器博物院、凤翔区博物馆、咸阳博物院、秦始皇帝陵博物院等14个文物收藏单位的典型文物，介绍这些文物与秦人生产、生活的关系，感受秦人的奋斗精神、创新精神、工匠精神，旨在汲取精神滋养，增强文化自信。

（2024年陕西省优秀科普图书一等奖）

《孑遗者》

作者：宝树

出版：人民文学出版社

内容简介：本书讲述了最后的人类"孑遗者"在世界毁灭后乘坐类似"诺亚方舟"的宇宙智能飞船飞向外太空的故事。在一系列事故后，他们陷入绝境，即将被无法逃脱的黑洞吞噬，但最终凭借勇气与智慧，找到了人类的出路，也拯救了自己。

（2024年陕西省优秀科幻作品一等奖）

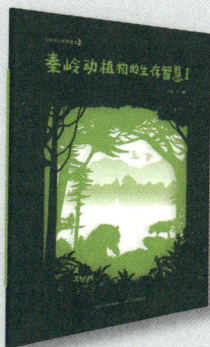

《秦岭动植物的生存智慧 I 》

作者：宁峰

出版：陕西人民教育出版社

内容简介：本书通过趣味性、科普性、故事性、互动性的叙述方式，讲述读者身边熟悉又陌生的秦岭自然科普知识，以浅显、通俗易懂的文字及生动、直观的图片展示，使读者轻松了解秦岭动植物的奥秘，更容易掌握"高大上"的自然科普知识。

（2024 年陕西省优秀科普图书二等奖）

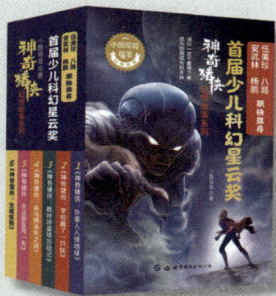

"神奇猪侠幻想故事系列"（全 6 册）

作者：小酷哥哥

出版社：世界图书出版公司

内容简介：本系列分别为《神奇猪侠：外星人入侵地球》《神奇猪侠：学校藏了一只妖》《神奇猪侠：哇咔咔星球历险记》《神奇猪侠：兵马俑消失之谜》《神奇猪侠：永远困在同一天》《神奇猪侠：全城怪物》，讲述了知名作家安小帅一觉醒来变成猪而引发的一系列爆笑幻想故事。

（2024 年陕西省优秀科幻作品一等奖）

"365 号星球系列"（全 3 册）

作者：刘芳芳

出版：江西教育出版社

内容简介：此系列分别为《蘑菇星球的自然密码》《泰坦星上的绝地反击》《凹凸星球的秘密宝藏》。男孩周一的爸爸离奇失踪，为了寻找爸爸，他带着"身怀绝技"的机器动物小龙，乘着时空飞船，踏上了一个个奇异的星球：蘑菇星、泰坦星、凹凸星……在这些星球上，他们经历了种种危机：机器兵追捕、飞船沉毁、海底地震、火龙攻击……这是一套专为少年儿童打造的科幻文学，集跨越时空的想象力、有趣的科学知识、童趣又故事性的语言于一体，让读者跟着主人公一起，在阅读惊险跌宕的故事时，理解亲情与友情的内涵。

（2023 年陕西省优秀科普图书优秀奖）

《秦岭野生动物园动物图鉴》

作者：段伟

出版：陕西旅游出版社

内容简介：西安秦岭野生动物园以展示秦岭"四宝"——大熊猫、羚牛、金丝猴、朱鹮为特色，同时展示具有代表性的野生动物 200 多种、6000 余头（只）。本书图文并茂，对景区所养的每一种野生动物形态、习性等进行了介绍，集科学性、文化性、实用性于一体。

（2024 年陕西省优秀科普图书三等奖）

《解密光学》

作者：王博 杨宇辰 李勤学

出版：西安电子科技大学出版社

内容简介：本书是一本面向青少年的光学知识普及读物，用简洁的文字和有趣的漫画，由浅入深向他们介绍了自然界中的光源、日常生活中的光现象与光原理及人们对光的利用，带领他们识光、探光和用光，从而激发他们学习物理的热情。

（2024 年陕西省优秀科普图书二等奖）

《穿越时空的宝藏》

作者：扶风县博物馆

出版：陕西科学技术出版社

内容简介：《穿越时空的宝藏》立足于扶风县博物馆馆藏文物资源，从近万件（组）文物中遴选出 5 件特点突出的经典文物，以真实的文物和史料为基础，用生动活泼的语言介绍了每件文物的来源、时代、特点、用途等。本书以漫画形式将文物知识介绍给少年儿童，让文物以全新的形式进入青少年的日常生活，带领他们走进历史和传统文化的世界。

（2024 年陕西省优秀科普图书优秀奖）

《生态秦岭动物趣》
作者：白忠德
出版：西安出版社

内容简介：本书以"秦岭四宝"大熊猫、金丝猴、羚牛、朱鹮及多种秦岭珍稀动物为叙写对象，用文学化的表达方式，讲述它们的生活习性、生存智慧、性格命运、保护发展，反映秦岭生态文明，表达人类对动物的热爱，对生命的尊重，与自然的和解，倡导人的责任与担当，实现人与动物、人与自然和谐共生。既普及科学知识，又贯彻生态文明思想，使读者懂得以平等之心、真诚之意，与大自然中的生命个体交流对话，自觉成为人与自然和谐友好的承担者、践行者。书中有秦岭珍稀动物插图80多张，集生态文学、科普知识、户外常识、精彩美照、绘画佳作于一体，图文并茂，可读性强。
（2024年陕西省优秀科普图书三等奖）

《校园传染病防控——班主任手册》
作者：胡妮
出版：西安电子科技大学出版社

内容简介：本书根据中小学校园中主要的传染病流行特征编写而成，由西安市教育局资深专家把关。本书可作为中小学校园班主任、校医传染病防控指导用书。
（2024年陕西省优秀科普图书二等奖）